居住区景观性健身设施
探索与研究

高宇宏　著

中国建材工业出版社

图书在版编目（CIP）数据

居住区景观性健身设施探索与研究/高宇宏著 . --
北京：中国建材工业出版社，2019.2
ISBN 978-7-5160-2496-6

Ⅰ.①居…　Ⅱ.①高…　Ⅲ.①居住区—健身器械—景
观设计　Ⅳ.①TU984.12

中国版本图书馆 CIP 数据核字（2019）第 012137 号

居住区景观性健身设施探索与研究
Juzhuqu Jingguanxing Jianshen Sheshi Tansuo Yu Yanjiu
高宇宏　著

出版发行：中国建材工业出版社
地　　址：北京市海淀区三里河路 1 号
邮　　编：100044
经　　销：全国各地新华书店
印　　刷：北京雁林吉兆印刷有限公司
开　　本：787mm×1092mm　1/16
印　　张：5.25
字　　数：210 千字
版　　次：2019 年 2 月第 1 版
印　　次：2019 年 2 月第 1 次
定　　价：88.00 元

前　　言

　　《居住区景观性健身设施探索与研究》这本书主要研究我国城市居住区在环境设计、景观规划及其配套设施的建设。虽然近年来各级政府给予了政策倾斜与资金投入，居民对生活环境的改善有很多切身体会，尤其是小区的楼宇安全与硬件设施都得到了很大程度的提升，但深居高楼的居民感到在居住区户外空间营造方面，缺少社会交往机会，邻里关系显得淡漠。在认真调研与分析了居住区外环境及配套设施的现状后发现，作为居住区环境的重要组成部分，现代城市居住区环境在规划建设方面的确做了大量工作，但在配套设施的创新设计与"以人为本"研究方面给予的关注度却明显不足，对环境的协调统一产生了较大影响，例如环境配套设施与景观设计如何从美学的角度进行深度创新融合，以及如何进行居住区景观交往空间的营造设计等，都是亟待解决的现实问题。

　　基于以上突出问题，课题组给予了足够重视，进行了无数次严谨的实地调研，最终形成了有现实意义和社会价值的研究成果并正式出版。该书共9章20余万字，内容包括：居住区户外健身空间设计综述、居住区公园景观设计与健身空间、居住区公园景观设计与健身设施、居住区公园景观设计与交往空间营造、居住区健身设施设计与景观环境的有效融合、居住区健身空间与健身设施调研分析、居住区景观性健身空间生态修复实践项目、居住区景观性健身设施创新设计实践项目、居住区景观性健身设施创意设计方案。

　　居住区环境及配套设施的创新设计理念为居住区环境规划及健身设施的发展提供实际的参考价值。本课题研究力图推动与实现居住区环境及设施的生态化、创意性以及广泛的公众参与性。

高宇宏，山西传媒学院艺术设计系副教授。2013年度山西省建筑装饰行业优秀室内建筑师，2016年度山西省室内装饰行业20周年人才培育奖。在国家级及省级期刊上发表《初探数字艺术》等论文12篇、主编及参编教材6部、出版专著2部。主持国家体育总局重点研究领域课题"居住区景观性健身设施探索与研究"项目1项以及省部级课题4项。

目　　录

第1章 居住区户外健身空间设计综述

随着城市住房制度的不断完善，居民对自己居住区的环境、配套设施以及服务管理愈加重视，而"健康生活"的倡导使得现代人更加意识到健身活动对于健康生活的重要性。据统计，83％的居民更愿意在居住区内的户外健身场所进行体育锻炼和休闲活动，所以居住区户外健身场所的建设就显得尤为重要。同时，大量研究表明，在生活节奏紧张的现代社会，居住区户外健身活动作为一种积极健康的健身活动，不仅能减少快节奏所导致的亚健康现象，缓解紧张压力，对居民生活起到放松调节作用，还能改善人际交往，丰富社会文化生活，增强社区凝聚力。居住区户外健身空间，不仅是满足居民功能需求的实用空间，而且是满足心理需求的心理空间。所以，如何设计具有实用性，同时兼有亲和力、吸引力及感染力的居住区户外健身空间，对于个人、居住区以至整个社会都具有十分积极与重要的意义。

1.1 居住区健身空间功能分区与物质构成要素

1.1.1 居住区户外空间规划要点

1. 满足功能要求

应根据居民各种活动要求布置休息、文化娱乐、体育锻炼、儿童游戏及人际交往等各种活动的场地与设施。

2. 满足风景审美的要求

以景取胜，注意意境的创造，充分利用地形、水体、植物以及人工建筑物塑造景观，组成具有魅力的景观。

3. 满足游览的需要

空间的构建与园路规划应结合组景的需要，园路既是交通的需要，又是游览观赏的线路。

4. 满足净化环境的需求

多种植树木、花卉、草地，改善居住区自然环境和小气候。

1.1.2 居住区户外空间概念及分类

居住区公园主要有邻里交往、休息观赏空间、儿童游戏、老人活动场地、简单的设施及服务功能等。按使用功能可分为规则式、自然式或混合式，其空间形式可分为开放式、封闭式或半开放式。

1.1.3 居住区户外健身空间规划要点

1. 配合总体

居住区户外健身空间应与周边总体规划密切配合、综合考虑、全面安排，并使居住区户外健身空间能妥善地与城市周边绿地衔接，尤其要注意与道路绿化衔接。

2. 位置适当

居住区户外健身空间应尽量方便附近地区的居民使用，并注意充分利用原有的绿化基础，尽可能与居住区公共活动中心结合布置，形成一个完整的居民生活中心。

3. 规模合理

居住区户外健身的用地规模根据其功能要求来确定，采用集中与分散相结合的方式。

4. 布局合理

居住区户外健身空间根据游人不同年龄特点划分活动场地和确定活动内容，场地之间既要分隔，又要紧凑，将功能相近的活动布置在一起。

5. 利用地形

尽量保留和利用原有的植物及自然地形，使其不受干扰。

1.1.4 居住区户外健身空间设计要点

1. 以人为本，满足居民的使用要求，为各类人群提供活动场地。

2. 居民游园时间多是一早一晚，应注意灯光设施、夜香植物的运用等。

3. 儿童、青少年活动场地不宜设在道路交叉口，也不宜设在住宅正前侧，其外围应以高大的乔木和常绿绿篱分隔空间，减弱活动喧闹对住户的影响。

4. 绿化树种避免选择带刺、有毒、有味的树木，应以落叶乔木为主，配以四季开花灌木，注重季相变化及形成住区风格特色等。

5. 应尽量设置大树地坪来提高绿化覆盖率。

1.2 居住区健身空间的含义及特性

1.2.1 居住区健身空间的含义

居住区健身空间是指在城市居住区范围内，除去建筑物用地、道路用地、路旁绿化用地之外，以自然环境和体育设施为物质基础，以居住区居民为主要对象，以满足居住区居民的体育健身活动和交往行为需求、增进居民的身心健康为主要目的，方便居民就近展开健身活动的休闲广场和公共健身场地。户外活动是居住区生活的重要组成部分，居住区户外健身空间是居民日常生活中使用频率较高的空间。居住区健身空间不仅是满足居民功能需求的实用空间，而且是满足心理需求的心理空间。

1.2.2　居住区健身空间的特性

根据居民的需要，居住区健身空间应具有如下四个特性：

1. 服务性特性

居住区健身空间为居住区内的居民的健身活动和社会交往提供场所，所以居住区健身空间应该具有服务性。

2. 舒适性特性

健身活动是一种自发性的社会活动，而良好的舒适性可以增加自发性活动的频率，所以舒适性是影响居住区户外健身空间的一个重要特性。

3. 安全性特性

安全性是积极空间产生的前提，所以居住区健身空间作为积极空间应该具有安全性的特性。

4. 社会性特性

居住区健身空间是以满足居住区居民的体育健身活动和交往行为需求、增进居民的身心健康为主要目的，因此，社会性是居住区健身空间的基本特性。

1.3　居住区健身空间存在的问题及思考

1.3.1　前期调研工作不充分

这主要表现为居住区户外健身空间与居民需求不符和场地规模与实际需要不成比例。在进行居住区规划设计前应该对居住区不同年龄层人口比例和居住区人口总数量进行调查确定，以确定户外健身空间的场地规模和不同类型户外健身空间的建设比例。

1.3.2　对居住区健身空间的重视不够

目前许多开发商为了追求更大的商业利益，往往刻意忽略健身空间的建设，只是附带性地开发剩余空间加以利用，不去考虑健身空间与整个居住区的整体性规划。使许多健身空间与整个居住区规模的比例严重失调，往往成为配套设施和环境的局部点缀。

1.3.3 居住区健身空间布局不合理

一些居住区虽然建设了户外健身空间，但为了尽量少占用居住建筑用地，往往忽略服务半径，将场地选在居住区边缘，由于选址不当，造成场地利用率低与器材的闲置。

1.3.4 居住区健身空间使用功能单一

1. 健身设施服务对象单一

目前居住区健身场地的健身设施大多数为中老年人设计使用，少数居住区设有 5～12 岁儿童游乐与运动健身设施，而大部分居住区缺少适合其他年龄段人群的健身设施。

2. 健身空间功能单一且设施设计无特色

目前，居住区健身空间的健身设施主要以普通健身器材为主。十几年来，设计没有什么大的变化，损毁与破坏现象严重，具有与居住区公园生态景观相融合的景观性健身设施设计更是没有得到重视。往往是景观规划师、产品设计师、体育专家等几部分专业人群相互脱节、欠缺沟通，导致健身空间与健身设施设计的无针对性、不适宜性、设施无吸引力等问题的产生，最终导致健身空间与设施闲置而利用率下降，从而严重影响了居民的健身积极性，与国家倡导的全民健身计划严重不符。

1.3.5 已建成较老的居住区缺少健身空间

许多年前建成的较老的居住区，由于建成时间过长且位于城市中心地段，用地紧张，缺少与居住区人口相适应的居住区户外健身空间与设施。对于这些较老的居住区，专业的设计师更应发挥专长，为老的建筑与居住区设计改造合理健身空间，并经过充分调研后，结合原有居住区人群的特点、文化氛围与建筑体系，设计建设出适合原有居住区居民的合理的居住区健身空间。

1.4 居住区健身空间的规划建议

1.4.1 规划建设前应进行充分调研

在进行居住区健身空间的规划前，要细致认真地做好预先调查工作，充分做好居住区内人口数量、性别比例、年龄层次、居住状况等信息的收集工作，并以此作为规划依据来确定场地规模、空间组织规划、设置器材类型、具体设施设计等几方面，来满足居住区内所有居民的健身需求。

1.4.2 注意规划的整体性

居住区健身空间的规划，不能只是片面地针对健身空间进行处理，还应注意与城市整体环境和居住区文化的有机结合，体现整体性规划的原则。同时，目前许多开发商为了追求更大的商业利益与价值，只是附带性地开发居住区的剩余空间作为健身空间使用，不去考虑居住区健身空间与居住区的整体性规划是否合理，例如有些居住区由于未经整体性设计、场地选址不当等，造成利用率下降、健身器材长期闲置等问题，更有一些健身场地无人问津造成浪费，久而久之成为居住区中的消极空间。

1.4.3 充分考虑安全性

如果居住区的健身空间及设施会让居民感到不安全和不愿意亲近，就会抑制居民户外活动的积极性，因而这些健身空间也会慢慢变为消极空间。比如，在川流不息的交通干道上，恐怕没有人会愿意停留，因为人们不会在不安全的场所长时间地停留，而车流很少或步行道或广场等环境才会有人愿意并且放心停留。所以，居住区健身空间首先要保证的是安全性，健身空间应与居住区内的车行道路分开，同时场地的地面处理和健身设施的选择也应充分考虑到安全性。

1.4.4 需求决定空间的规划

居住区健身空间的核心功能是满足居民的健身需求。在设计时应该充分考虑居民的健身习惯、频率，尊重他们的使用意愿，同时考虑不同年龄段居民的健身需求，从而对健身空间进行合理与科学的规划。目前大多居住区健身空间与设施的功能、造型单一。现在，"作用融合与互补"的设计手法应用越来越广泛，通过巧妙的设计与改造便能达到一个空间多种用途的效果，这是符合我国现今可持续发展趋势的。

1.4.5 实现居民共享健身资源

居住区健身空间服务的对象是居住区的全体居民，因此，在规划设计时，应该综合考虑所有服务对象的健身需求，如不同年龄段人群对健身空间和设施的不同要求，尤其应在无障碍设计等安全因素方面考虑更要周到。因此，要尽可能考虑到全体居民的服务半径、配套设施的服务辐射等，不能只考虑周边居民就近方便，真正实现居民共享健身资源。

1.5 我国居住区建设的发展趋势及生态设计实例

1.5.1 我国居住区建设的发展趋势

1. 房地产市场发展的必然方向

我国目前房地产市场已逐步进入理性化时代，许多以宣传简单概念和特点的房地产炒作营销将成为过去，随着居住者理性化购房群体的增加，对居住区的健康性、舒适性和可持续性认可的人越来越多。居住区的建设不仅是为了市场需求，而且顺应了21世纪全球经济、自然、社会可持续发展的战略态势，也符合我国国情，因此，居住区的建设将成为我国下阶段房地产市场发展的必然方向。

2. 生态工程技术与设施产品的跟进

我们曾经提出居住区未来将朝着生态化发展，未来居住区的建设将会给建筑、建材和相关设施产业带来一场技术革命和发展机遇，良好的居住区建设需要生态工程技术的支持和相关设施产品的跟进。由于居住区的建设理念，是将现代工业文明条件下形成的对自然资源的改造和替代的开发模式，转变为生态文明社会利用现代工业文明的技术对自然资源的合理利用与补充的发展模式，相应的生态建筑、生态设施、生态建材、相关的技术与产品都会应运而生，充填新技术市场。

3. 国家标准与市场规范的出台

目前，要制定一套既适宜我国各地自然、经济、社会生态系统特点，技术上又系统全面的生态居住区建设规范确实不易。随着各地生态居住区的建设与发展，国家或地方一定会逐步制定相关的技术标准和市场操作规范，以引导和规范生态居住区的建设。

4. 生活意识与生态功能的融合

从发展的角度分析，我国居民的生活水平在十年内还会有一个快速提高的过程，许多人的生活意识与对居住区的生态功能的要求也会不断提升。生态居住区的建设虽然是一个发展的过程，但对具有生态功能的成熟技术和设施产品的综合应用需要开发商、规划设计师、居住者的配合与协作，只要把握好社会意识与生态功能的融合，才能始终走在居住区建设的前沿。

1.5.2 我国居住区建设的生态设计实例

生态居住区的建设在我国的许多城市和地区都发展迅速，尤其在一些经济发达的地区，市场的需求和开发商的超前意识给居住区的建设奠定了良好的基础。一些开发商在项目开发的前期就按照生态居住区的建设理念和标准进行系统生态的建设规划，并以生态建设规划的原则，指导和控制建筑规划设计与景观规划设计，产生了许多景观设计符合生态居住区发展的优秀实例。

例如广州的汇景新城、珠海的华发新城、扬州的海德公园、上海的安亭新镇、厦门的长泰翠溪山庄等，这些项目虽然在景观设计、地理位置、建设规模、建造成本、市场定位等方面都有很大的差异，但发展商能按照生态建设规划的要求，结合实际修改与调整建筑规划和景观设计，并按照生态规划的要求指导和控制居住区开发建设的全过程。在了解或掌握项目的生态系统特点和优势后，能积极配合，利用该项目的特征和优势，创建生态建设品牌。广州的汇景新城在生态居住区景观设计与建设中，注重自然资源的恢复和利用，首期便建设了具有典型自然生态系统功能恢复的生态景观湖，并根据开发进度逐步实现居住区生态系统的各项功能；珠海华发新城在生态居住区景观设计与建设中，依据开发区域尚无市政排水配套系统的实际和居住区内景观生态系统功能匮乏的特点，实施了居住区生活污、废水的零排放规划建设方案，并对已丧失自然生态功能的沿河生态系统进行功能性的景观创造与恢复；扬州的海德公园在生态居住区景观设计与建设中强化了自然生态系统和人工生态系统的有机整合，利用目前成熟实用的生态工程技术与产品，建设符合市场需求的低密度生态居住区，并对周边的水环境进行生态功能恢复；上海的安亭新镇在生态居住区景观设计与建设中，则以实现中西方现代文明的交融为主目标，将能展示中西方文化的景观生态系统进行了功能性规划，并对具有江南水乡自然生态特点的大面积水体保洁进行了生态净化系统规划与设计；厦门的长泰翠溪山庄在生态居住区景观设计与建设中，明确提出以生态建设规划为该项目总体建设目标的控制性规划，将建筑规划、景观设计、设施设计、营销策划的定位与方向，有目标、有标准、有计划、有条件地系统纳入到该项目生态化的休闲、旅游、度假居住区等建设中。

实践证明，只要准确把握待开发生态居住区的生态系统特点，就能挖掘生态居住区生态系统与景观设计、设施设计中显著的创新和发展潜能，并能给建设者和消费者带来应有的经济效益和社会效益。

1.6　我国居住区健身空间建设的几点思考

1.6.1　技术层面亟待多学科的紧密配合

居住区健身空间建设需要多学科、多专业的紧密配合，尤其在居住区健身空间建设的前期规划阶段更为重要。规划应该依据居住区健身空间生态系统的条件和特点，给建筑规划和景观规划以明确的建设规划定位，建筑、景观、产品等相关专业的规划师们应相互沟通、相互理解、相互配合。在技术上、经济上应保证居住区健身空间建设的合理性和可操作性。

1.6.2　居住区健身空间建设有待正确的引导

居住区健身空间建设是 21 世纪居住区建设的发展方向，全社会最终都会了解居住区健身空间的价值和意义。但在前期发展阶段，对房地产开发商、居住者、物业经营管理者乃至全社会进行正确的引导显得尤为重要，这样可在居住区健身空间的建设中少走弯路。

1.6.3 房地产投资方向应该理性化定位

目前，我国还是一个经济高速发展的发展中国家，城市建设和未来生态化居住区健身空间的建设将持续相当长的一段时间。我们希望开发商们立足建设生态化美好家园的大目标，在合理协调自然、经济、社会生态系统的同时获得自己相应的经济效益。

居住区健身空间建设在我国发展仅有十几年，尚处于发展初期阶段，但随着《城市公共体育运动设施用地定额指标暂定规定》出台，我国大部分居住区整体规划中都会安排户外健身空间。居住区户外健身空间不仅是居民进行健身活动的场所，还是促进居民交流、增进感情、休闲娱乐的社会空间。因此，如何规划建设出更方便、更贴近居民生活的高质量户外健身空间就变得愈加有意义。

第2章 居住区公园景观设计与健身空间

2.1 居住区公园景观与健身空间的研究背景

2009年国务院公布了《全民健身条例》，自该时间点起，全民健身热潮席卷了我国大部分地区。2014年，国务院发布了《关于加快发展体育产业促进体育消费的若干意见》（以下简称《意见》），将全民健身作为国家战略。《意见》中提到，会给居民保障更多的体育活动和体育场地，体育场地达到人均2㎡，经常性健身人数为5亿人。

根据《2014年6～69岁人群体育健身活动和体质状况抽测调查结果》（2014年8月6日，由国家国民体质监测中心发布），我国参加过体育健身活动的人群中20～69岁的城乡居民达到50.5％，与2013年相比，增长了1.3％。由此可见我国大众健身的热情日益高涨。39.8％的健身人群其健身频率达到每周一次及以上，"经常参加健身活动的人"比例为31.2％。经常参加健身活动指参加健身活动的频率达到每周3次以上，并且按每次健身达到30min以上者来计算，基本与2013年调查结果持平。同时，通过数据可以看出，最普遍的健身项目是健步走，所占比例为42.5％；其次为跑步，其比例为16.6％，与去年平均相比上升了2.7％；还有乒乓球、羽毛球、广场舞、足球、篮球，其比例分别为10.7％、7％、6.4％。大众健身场所中最多的为单位或小区的体育场所（23.7％），其次为广场（16.9％），此外还有，体育场馆为15.3％，街便道为11.9％，公园仅占10.9％，另有住宅小区空地占7.0％。

以上调研数据充分显示：国内公园以及居住区公园的健身空间利用率较低，利用公路、街边以及各处广场的空地进行健身者，比利用居住区公园进行健身的人群还要普遍。然而根据调研现状，居住区内部的健身设施以及空间场地比较有限，老式的居住区没有预留小区广场，而新式居住区出于节约用地的目的，仅仅保证了楼与楼之间满足日照的间距。利用住宅楼之间的空地来修建居住区健身空间，通常会由于楼间环绕的空地长期处于建筑阴影之中，严重缺乏合理宜人的空间设计，因此并不能满足居民日常健身的需求，因此利用居住区公园的健身空间进行健身是必然趋势。

从以人为本的角度来说，最合理有效的城市居住区健身空间是能够或有意愿被群众使用和参与的。如何让居住区公园充分发挥应有的作用并高效利用，就需要充分考虑居住区公园健身空间的步行可达性、健身设施的吸引力、冬季适应性等众多因素，这些都会直接或间接影响到居民对居住区公园健身空间的使用和利用情况。因此，城市居住区公园健身空间的有效利用以及发挥景观设计、健身空间设计、健身设施设计的专业优势，服务于全民健身事业，是本书研究的重点内容之一。

2.2 研究居住区公园健身空间的目的及意义

2.2.1 研究目的

由于国家全民健身主题的倡导，使全民参与健身的热情高涨，这时就产生了健身的高度需求与城市居住区健身空间不足的矛盾关系，使城市居住区公园建设，尤其是健身空间的规划建设显得极为重要。城市居住区健身空间在规划设计中，由于冬季气候寒冷，对处于室外环境的城市居住区公园健身空间的利用率大大下降，也没有发挥出相应的健身空间及健身设施的冬季设计功能与特点，因此导致冬季城市居住区健身空间和健身设施的使用空缺，严重缺少空间活力。本书从以人为本的角度出发，对城市居住区健身空间进行了调研，结合实地调研对城市居住区健身空间进行总结和有效分析。

通过对城市居住区健身空间的实地调研和问卷数据分析，总结出目前城市居住区健身空间存在的问题，并结合居民的需求和气候特点，提出能够加强现有城市居住区健身空间中交往空间的营造、步行可达性、健身设施的实用性、设施的冬季适应性等设计策略。

2.2.2 研究意义

研究居住区公园景观设计、健身空间以及健身设施，具有理论和现实双重意义。在理论层面上，它可以对学术理论进行合理补充。目前对于城市居住区健身空间的研究，首先集中于规划设计层面，本书是以居住区公园为研究对象进行分析，重点是对健身设施的创意设计如何与景观环境有效融合进行研究。从多个角度对影响居住区健身空间、健身设施的适用性因素进行了综合论述，包括居住区公园健身空间的步行可达性、设施适用性、冬季适应性等。此外，本书的研究对象虽然是城市居住区公园，但并不局限于城市居住区公园，而是可以应用到健身的各类居住区公共空间，针对居住区健身空间提出相应的发展策略，对现有研究成果进行了进一步的补充。在现实层面上，有助于提升城市居住区健身空间的空间布局的合理性。通过实地访谈与调研，为城市居住区健身空间及健身设施给出有效的设计建议。

2.3　居住区公园健身空间的国内外研究比较

2.3.1　国内外居住区公园健身设施空间布局的现状比较

1. 国内城市居住区健身设施空间布局的现状

随着国家体育事业的快速发展，城市中出现了很多各种类型的体育设施，有规模的体育赛事也随之出现，逐步促进了城市体育设施的建设与发展。在许多一线城市和沿海地区，体育设施得到了重视与完善，但是在很多二三线城市，体育设施还非常匮乏。从宏观的角度来讲，我国的城市居住区公园健身设施空间已经有了自己一定的规划与布局。城市居住区公园的健身设施仅仅是分布在城市居住区的简单健身步道和一些普通公益性公园。另外，有很少一部分高档次成熟的居住区会有诸如各类体育场和大型健身器材场地等配套设施。由此可知，目前国内许多城市都缺少方便居民健身与娱乐的健身设施，而且许多居住区公园的健身设施也相对比较欠缺，具有健身设施的居住区其规模结构也缺少相应的合理性，这对人们进行体育活动造成了严重的影响。因此，为了使国内城市居住区公园健身设施空间布局实现合理化、规范化，必须将健身设施的建设重点放在大多数居民所需要的地方，并且便于安全管理与维护，应重点开发与利用好居住区公园健身空间及其健身设施。

2. 国外城市居住区健身设施空间的布局现状分析

例如，在美国的城市居住区健身设施建设体系中，占据重要地位的是居住区公园中健身设施的建设。美国的国家公园服务机构，在 1956 年到 1966 年对其居住区公园的健身空间及健身设施占地标准等做出了详细的规定。美国城市的社区公园系统情况分析如下：

（1）小型公园。其面积规定在 1～4 英亩，且每 1000 人可以拥有 1/4 到 1/2 英亩面积，主要是为特殊年龄阶段的人群所设计的。

（2）社区公园。公园面积在 50～400 英亩，每 1000 人能够拥有 5～8 英亩，除了常规的体育活动所需的场所外，20%～40% 的面积应使其自然景观得到保证，且还应配备运动场、高尔夫球场、游泳池、儿童游戏场等相应的配置。

（3）街区公园。其面积大小应保持在 5～50 英亩，每 1000 人可拥有 1～2 英亩，10%～20% 的面积应保持相应的自然景观，剩下的面积可以用来建设运动场、游泳池、游戏场、体育活动设施等。

（4）管区公园。其面积大小应在 400～800 英亩。自然景观的面积应占 40%～60%，在 50%～80% 的自然地带中，可以进行徒步旅行、骑马、骑自行车、登山、野餐、游泳、野营等活动。

再如，日本在 1989 年同样也建立了城市居住区健身空间与健身设施建设，具体标准如下：

（1）居住区体育健身空间及体育设施建设必须呈现出一定的层次性，可以分为三个层次：基层社区、市区町村、都道府县。且还对各个层次的城市居住区健身中心提出不一样的规定和要求。

（2）其新标准中强调应建设可以进行多种体育活动的球场、运动场，进而才有利于各种体育项目的有效开展。

（3）新标准还对城市居住区健身空间的附属设施做出了明确的规定，比如规定基层居住区健身空间中必须建设相应的更衣室、护球网、会议室、健身房等开展体育项目所需的设施。另外，还要求居住区体育中心、市区町村级体育中心应建立观众席、保健咨询室、资料室、研修室等所需的附属设施。

（4）该标准中还强调居住区健身中心建设应结合文化活动进行。

2.3.2 国内外城市居住区健身设施空间布局的比较分析

1. 国内外城市居住区健身设施功能运用的比较

国内的城市居住区公园健身设施由早期的露天篮、排球场和简易运动场，逐渐有了如体育场、游泳馆、居住区健身中心、健身公园等。这些设施在一定程度上满足了居民的健身需求。但在功能的运用上相对单一和独立，相关配套设施还很匮乏，资源的整合和利用率不高，针对不同人群和不同的区域还没有制定有针对性的建设标准。因此，对城市居民的健身方式有一定的制约和影响。

目前，国外健身设施的功能复合化是一个发展的主要趋势，其与健身设施的建设体系相关。对健身活动设施的要求、规模及选址进行综合考虑以后，在建设健身设施时不但要让其服务于居住区居民的生活方式、不同年龄段居民的参与，还要以此来活跃居住区健身、生活氛围，从而使居住区居民所需的健身设施需求得到满足。

2. 国内外城市居住区健身设施设计模式的比较

国务院于 1995 年颁布《全民健身计划纲要》，其中对全民健身的目标和任务内容进行了阐述，但没有像国外发达国家一样设立可量化的实施标准，也使得全民健身的成果难以用数据显示与跟踪统计。在 2008 年北京承办奥运会期间，全民健身的积极性非常高，也出现了许多优秀的研究成果。2005 年，田海鸥等人以北京马甸公园为对象，对全民健身场所的特点进行了探讨，并以此提出了设计建议。2007 年，黄国琴的论文中，对全民健身的场地及设施进行了分析论述。2007 年，胡红的硕士论文中，对公共体育场馆、私营健身场所、社区体育馆以及居住区内的健身点的体育设施进行了现状分析，并提出了相应的设计策略。2009 年，郭惠平的论文中，对我国"全面小康"时期全民健身体育达成目标的约束条件进行了相关分析。2011 年，姚亚雄的论文中，用全民健身的眼光看待体育设施的现状，探讨体育设施在全民健身方面存在的问题，希望为体育设施的未来发展提供一个可行的方向。2016 年，王亚丽的论文中对城市社区"15 分钟健身圈"的构建研究，从规划布局、建筑设计两个方面探讨了郑州市"15 分钟体育健身圈"设施的规划、设计问题，并用以辅助决策，为城市体育规划部门提供参考。

国内的城市居住区健身设施设计分三个阶段性环节，包括前期设计阶段、中期投资实施阶段、后期使用阶段。但长期以来，这三个阶段性环节没有沟通、协调与统一，脱节现象非常严重。投资部门往往只重视设计实施过程中的资金投资，却没有充分调查市场的需求情况，且没有了解后期具体的居民使用情况，导致投资目标缺少明确性与指向性。另外，设计者完全按投资者的意愿和要求来完成设计，基本都是以满足投资人的要求当作设计的目标，却没有根据调研后的实际情况有针对性地进行客观性定制。因此，新建的居住区公园中虽然配置了相应的健身设施与器材，但是其根本就没有根据具体的规划以及使用需求来进行设计和建设，因此，在后期会出现各种不同程度的问题。

国外城市居住区健身设施设计阶段的组成部分主要是调研策划和设计实施，且策划工作通常是由工程师、建筑师、体育专家等相关人员共同配合完成的。首先由调研策划小组了解和分析工程概况之后，提出一个切实可行的策划方案，并与建筑师共同商讨与商定，找出工程项目中存在的限制性条件，分析工程项目可能达到的预期效果与程度。再由建筑师与工程施工的专业人员进行分析与讨论，得出最终的调研策划方案，交由专业的设计人员进行具体设计，最终才可以保障设计成果的合理性。

3. 国内外城市居住区健身设施相关法律法规的比较

现阶段，国内已经出台了保证体育设施建设标准的法规，如国家体委和城乡建设环境保护机构所颁布的相关条例规定中，明确规定根据各个城市人口密集的程度，首次对城市的所有训练房、体育馆、体育场、游泳池等体育设施的用地定额、占地面积、规划标准、人均面积、观众规模等做出了明确的规定。但在实际的运行与实施过程中，往往缺少有效的监督机制与保护措施，进而导致体育设施的建设达不到相关标准。

在国外，如美国、英国、日本等国家已经有比较成熟的关于健身空间与健身设施的相关法律法规，同时还配套制定出台了相应的监督与评价机制。这就可以有效地监测、监督与管理城市居住区健身设施的整体布局规划、设计、建造等情况，以便投入使用后实施有效监管。

本节通过对现阶段国内外城市居住区健身空间与设施布局的比较分析，从功能运用、设计模式以及相关法律法规等方面做了对比与分析。同时还列举了国外一些优秀设计案例和相关数据，分别总结、论述了国内城市居住区健身空间与设施布局的突出问题。因此，有必要对居民健身项目建设与设施过程中的缺陷等问题进行详细分析，只有密切关注与重视国内大众体育设施的建设以及国内城市居住区健身事业的发展，才能使全民健身运动得到进一步的开展，使国民体质得到不断地增强，从而使国民素质和居民生活质量得到显著提升。

2.4　研究概念和范围界定

2.4.1　研究概念界定

1. 全民健身的概念

自 1995 年起，国务院多次倡导全民健身。根据《全民健身计划纲要》，提倡全民健身的目的在于增强国民体质，推动国家发展建设。同时，明确了全民健身的具体任务、发展策略以及步骤。在此之后，于 2009 年 10 月 1 日正式出台了《全民健身条例》，进一步明确了全民健身计划，确定了各级政府组织的任务，旨在强健公民身体，并以每年的 8 月 8 日为全民健身日，以此促进全民健身发展。全民健身是国家为了增强国民体质，提高国民健康水平，提倡居民群众广泛参加健身活动的总称。《国务院关于加快发展体育产业促进体育消费的若干意见》（以下简称《意见》）中提出完善体育设施、发展健身休闲项目、丰富体育赛事活动等要求。《意见》中对完善全民健身设施提出了具体要求，如各级政府要合理布点布局，结合城镇化发展统筹规划体育设施建设。同时在居住区建设中实现 15 分钟健身圈，力求新建居住区健身设施的覆盖率达到 100%。其中，还包括建设便于全民健身的健身空间、全民健身场馆、户外多功能球场、健身步道等一系列健身设施，以及改造老旧厂房、仓库等空间成为便于居民健身的空间。除此之外，在政策上也给予倾斜，鼓励居民健身运动的开展，如提倡各地发展特色健身运动，支持少数民族发展民族特色健身运动，并通过举办各类体育赛事带动居民的健身热情。

2. 城市居住区健身空间的概念

城市居住区健身空间是指位于城市居住区空间中能够为居民提供健身场地的居住区空间，其中有些以为市民服务为目的，如居住区公园、城市广场、河沿空间；而有些则是被市民自发利用，如建筑附属公共空间、大学校园体育运动区。总体来看，高质量的城市公共健身空间并不多，因为许多土地都被高速的城市经济发展所占用。因此，更应集中利用好城市居住区公园健身空间，发挥其更多的价值，使多种人群均能在城市居住区公园空间中找到合适的归属，都能充分利用城市居住区公园健身空间，使有限的居住区健身空间发挥更好的专属作用。

3. 城市居住区健身空间设施的吸引力

本书中将城市居住区健身空间中的设施分为健身设施和环境设施两类。健身设施是指能够进行健身活动的器械和场地的总称。健身设施可进一步分为标准体育设施和休闲运动设施。标准体育设施是指满足规范要求的体育场地和器械，如篮球场、网球场、田径运动场等，这类健身设施由于要求较高，分布并不广泛。休闲健身设施是指健身器械、简易乒乓球台等，可以被用于居民健身但不满足比赛要求的场地和设施，这类设施广泛地存在于各类城市公共健身空间中，为市民常用的健身设施。

环境设施是指城市居住区公共健身空间中提高环境舒适度的各类设施，包括路灯、座椅、垃圾箱、硬质铺装广场以及景观绿化等。环境设施的主要作用在于营造宜人的健身环境和良好的交往空间，其中的硬质铺装广场和空地也被市民用作广场舞等运动健身空间。

居住区健身空间中的健身设施和环境设施质量，会直接影响健身空间对健身居民的吸引力。健身设施能够为健身居民提供丰富的健身活动，而环境设施能起到空间舒适宜人的作用，促进居民日常健身与交往。因此，提高环境设施和健身设施的质量，使之更好地为居民健身服务，提升设施的吸引力是提高城市公共健身空间活力的有效途径。

4. 步行可达性

本文研究的步行可达性特指城市居住区健身空间的步行可达性，即为到达某一特定地点的便捷程度。传统意义上的某地点步行可达性，是以服务半径来进行评价的，服务半径能够到达的地点可达性好，反之，则可达性差。然而，从国内外的众多研究成果来看，现阶段可达性已经不仅仅用服务半径来评价，行进的难易程度和地点的吸引力也是评价可达性的重要指标。

5. 冬季适应性

城市居住区健身空间的冬季适应性尤为重要。优越的冬季适应性设计能够有效提高城市居住区健身空间在冬季对健身市民的吸引力，增加市民冬季在城市居住区健身空间停留的时间和次数，增加城市居住区健身空间的活力和全民健身的积极性与主动性。

2.4.2　研究地点界定

为保证研究结果的准确性，我们对研究对象进行了筛选，以保证研究的可控性与准确度。以太原市万柏林区玉门河公园为研究对象。首先，太原市为中国北方城市，这种四季分明的地域特征成为城市居住区健身空间设计与建设的方向，也成为本书研究的一部分。北方城市居住区健身空间与南方相差较大，应同时考虑城市居住区健身空间的冬季适应性设计，打造出能够四季兼顾、在不同季节均能为市民提供良好环境的城市居住区健身空间。其次，选择太原市万柏林区玉门河公园为调研和研究对象有以下四点原因：第一，公园内有一条城市内河流经，自然资源构成丰富，为调查研究提供了更多的可能性。第二，周边居住小区众多，四周拥有玉门河小区、金域阅山小区、雅苑小区、嘉苑小区、前进路小区等楼群约 10 组。研究人群的数量与多样性较为丰富。第三，每日傍晚在硬质铺装广场会有许多居民开展广场舞、踢键子等运动，全民健身热情较高，全民健身运动开展也较广泛，具有的现场可研究性强。第四，太原市万柏林区的常住人口位居太原市前列，根据 2017 年太原各区人口数量排行榜，万柏林区在太原市 10 个区常住人口数量排名榜首。根据万柏林区占地面积与人口的比例，极高的人口密度让全民健身存在的问题更为凸显，具有更强的可研究性。根据以上四点原因，本书最终确定太原市万柏林区玉门河公园为有代表性的研究地点。

本书所研究的对象重点为居住区公园的健身空间及其健身设施，具体地点根据晨晚练健身点，结合调研地点整理而得。虽不能涵盖太原市所有居住区公园内所有全民健身活动的地点，但是对于城市居住区健身空间及健身设施的集中类型及代表性类型有不同程度的抽样调研。

2.5　研究内容和方法

2.5.1　研究内容

本文以太原市万柏林区玉门河公园的城市居住区健身空间为研究对象，以打造宜人舒适的健身空间为目的，以太原市万柏林区玉门河公园为研究地点，以访谈法和问卷调研法作为研究方法，通过实地调研发现城市居住区健身空间存在的问题，并总结出城市居住区健身空间的现状。进而提出针对太原市万柏林区玉门河公园的健身空间及健身设施的发展策略，并以点带面，进一步将研究成果与所得为其他城市及地区提供参考。

本书首先，阐述了研究背景，包括政策背景和全民健身现状，在国家政策的大背景下积极响应国家号召，并结合有代表性地区地点的实地调研，总结出居住区健身空间及健身设施存在的问题；其次，明确了研究目的与意义，即希望通过本研究对现实中存在的问题提出改进意见与策略。再次，阐述了的城市居住区健身空间及健身设施质量的影响因素，包括步行可达性、设施实用性、冬季适应性等多项影响因素。最后，提出有针对性的发展策略，以提高城市居住区健身空间及健身设施的层次与实用效果。

2.5.2　研究方法

1. 文献研究法。文献研究法为研究适用于前期工作，通过大量文献的阅读，选择感兴趣且可行性高的研究方向。并进一步查阅与研究方向相关的文献资料，以学习前人研究成果为基础，同时发现前期研究成果的缺陷与不足，为下一步研究工作打下基础，开发出有自我特色的研究点与创新点。

2. 实地调研法。实地调研法为本文的主要研究方法，前期通过大量调研修正研究方向，包括对健身场地、健身环境设施、居住区中的健身设施等进行不同程度的预期调研。预期调研后进一步明确研究方向，即确定城市居住区公园健身空间为研究的重点，并进一步对城市居住区公园健身空间进行分类调研，总结存在的问题，并进行进一步分析与总结。

3. 观察法。观察法是有计划、有目的地在不知情的情况下观察研究对象，通过直接观察并进行记录和思考研究对象的行为特点等进行观察。观察法根据研究的需要，观察方式可以有所不同。在本书中，即根据工作日、休憩日的区分采点，包括采时间点和地点的数据、白天与夜间的不同分别进行观察与记录。

（1）选择合适的观察地点

在万柏林区玉门河公园内，主要选定分属于五类健身空间的十多处地点，进行较长时间的跟踪记录及问卷调查。五类场地不同，地点情况也不尽相同，利于调查问卷开展全面调查。

（2）选择合适的观察时间

首先，在各健身地点中全天观察，观察不同时段城市居住区健身空间中进行的多种健身活动。其次，在全民健身活动的高峰时间段分区域进行侧重观察，并进行有针对性的详细记录。

4. 访谈法。基于问题假设对部分健身空间及健身设施的使用者进行面对面的交流与交谈，即所谓的实地访谈。这种方式有利于从受访者处得到针对研究内容的直接有益的信息，为下一阶段的问卷调查打下良好的基础。本项目中的实地访谈是先与被调研者进行面对面的沟通，了解健身人群对健身空间及健身设施的需求，归纳总结他们对健身环境及设施各方面的不同需求，特别关注不同年龄、不同气候条件下的健身环境及健身设施的适宜度与舒适度。

5. 问卷调研法。问卷调研法是目前调查研究中普遍应用的方法之一，并且比较适合城市居住区健身空间的人群调查。用问卷调研法获得的数据能够更真实地反映受访者的心理和生理需求，为下一步发展策略的提出打下良好的基础。在发放问卷的过程中，同时需要注意的是控制发放人群的年龄结构和性别比例，以便采集的数据及信息的结构完整性。

2.5.3 工作系统程序图（图 2-1）

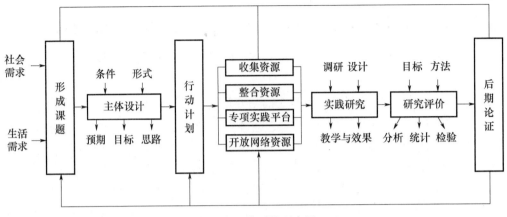

图 2-1 工作系统程序图

2.5.4 研究思路框架（图 2-2）

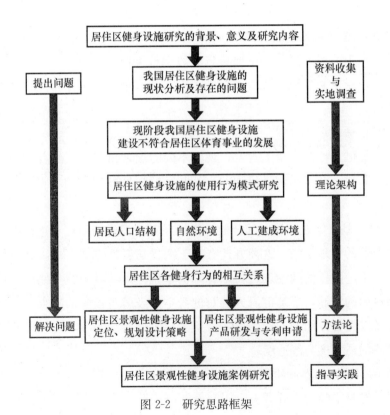

图 2-2 研究思路框架

第3章 居住区公园景观设计与健身设施

为了使居住区公园的景观设计与健身设施更好地融合，本项目的研究重点在于为居住区公园的健身空间和健身设施提出更加合理的设计原则与科学依据。运用人机工程学原理，结合居住区健身空间的使用人群及特点，确定居住区公园健身空间的设计原则。在居住区健身设施的设计过程中，应该充分考虑人的各项尺寸和承受限度，使设计更加人性化、舒适化以及与环境的融合化，重点完善使用过程中的安全性。通过分析人体尺寸在居住区健身设施设计中的实践应用，总结出居住区健身设施的设计原则，使健身设施设计配合健身空间的景观设计达到人性化。

随着社会的发展，4＋2＋1 或 4＋2＋2 的家庭人员构成，即将成为当今社会家庭结构存在的普遍现象。工作和生活的压力，使得年轻人无暇照顾老人，同时现代都市的高楼大厦也给老年人之间的交流增加了一层无形的障碍。在提升老年人晚年生活质量思路的指引下，养老理念也由过去的"安度晚年"向"欢乐晚年"转变，老年人最关注的是身体健康和精神愉悦。在新的养老概念下，"运动"与"交流"成为密不可分的两个关键词。本文围绕促进老年人健康运动，提高老年人之间的交流机会，针对目前小区内设置的全民健身场所中健身设施设计缺乏针对老年人使用的现状，结合老年人的生理、心理、休闲锻炼行为和生活沟通方式等方面的研究，提出了户外空间健身设施设计的重要原则。希望通过本研究可以提升健身设施使用者特别是老年人的健身质量。

3.1 景观性健身设施设计的基础性原则

景观性健身设施，是在居住区户外设立专门供居民进行锻炼的，并考虑居民身体健康与精神健康双重作用的健身设施，同时满足居民健身、休闲、娱乐的需求，以及居民文化修养与内涵的提升。随着人们对自身健康重视程度的加深，室外的小区健身设施越来越受到人们的喜爱。通过锻炼可以促进人体内部血液循环，增强心肺功能，在锻炼的同时更能消耗人体脂肪，所以小区的健身设施受到了居民的普遍欢迎。设计不合理的健身设施不能达到锻炼身体的目的，还会加重身体的疲惫感，所以居住区的健身设施设计尤为重要。

3.1.1　常见的室外健身器材的分类

根据健身器材的使用人数对健身器材进行分类，包括单人健身器材和双人或多人健身器材。根据健身器材锻炼的部位进行分类，包括运动型健身器材和休闲型健身器材。使用者需要通过对身体各个部位进行活动，达到健身的目的。

3.1.2　健身器材在现代生活中的重要性

1. 满足人们的健身需求

在锻炼的过程中，在操作不同种类健身器材的过程中，所采取的运动姿势各不相同。在操作中人体的各部分肌肉和活动关节得到运动，通过血管和心肌的收缩增强心脏的各项结构机能的适应能力，通过血液循环，减少身体内静脉的淤血，预防各种血栓等疾病。通过锻炼可以达到保持身体健康、控制人体体重的效果，是现代人们健身、休闲、娱乐的首要选择。

2. 满足人们的娱乐需求

随着社会的发展，人们在享受经济增长改善生活方式的同时，也在面临着越来越大的精神压力，因此在休息的时候适当地进行锻炼，可以达到缓解压力、放松身心的目的。小区的健身设施一般的使用人群为成年人和中老年人，尤其以老年人为主。晚上和街坊邻里一起进行锻炼、下棋，既增进了邻里之间的情感交流，也满足了自己的身心愉悦。人们在使用时主要的目的是健身、娱乐，在设计的时候应该增加一些设施的娱乐性，比如很多小区的健身设施中有象棋和算盘等设施，人们在运动健身之后，可以进行象棋、围棋等娱乐项目，人们在运动健身的同时，满足了娱乐方面的要求，使人们心情得到充分的放松，保持心情愉悦，为使用者创造出轻松的健身环境。

3. 满足人们的文化需求

人们需要真正意义上感受到环境给予的人文关怀，同时希望环境设施设计与居住区环境自然有效地进行融合。因此，我们可以通过"以人为本"的设计理念，提出改善环境设施现状的具体设计方案及措施，将居住区设施中植入地域文化和创新设计元素，努力尝试在应用价值方面进行富有地域特色的环境配套设施创新创意设计研究，从而满足人们的文化需求。

3.1.3　健身设施设计的基础性原则

1. 结构组件要素原则

（1）结构组件的安全性要素

基于人们使用健身器材的目的是为了锻炼身体、保持身体健康，所以在健身器材的设计中首先要考虑其安全性。在设计的时候，应该考虑到使用的人群包括老人和小孩，所以在设计的时候要考虑安全问题，在器械设施的设计中考虑人在做各种动作时的尺寸，尽量避免高难度的健身器材的设计。在设计时将以人体在运动时的相应尺寸作为理论支撑，充分考虑人的因素，分析人体在进行各项运动时的尺寸、受力情况和极限尺寸等相应数据，结合相关人体极限尺寸，避免在运动的过程中出现肌肉拉伤等医疗事故。例如，在转轮的设计工程中，应该充分考虑，人体站姿时手臂的推力和双手最大的活动范围，结合人体相应的尺寸数据进行设计，这样在锻炼身体的时候可以避免手臂活动范围过大，引起肌肉拉伤、关节炎等病症。

对于存在危险的一些运动部件应进行极限位置限定，避免在使用时因为惯性或者冲力而导致的安全事故。例如，在活动式健身器材太空漫步机的使用过程中，人们可以在器材上进行走步、慢跑等动作，能锻炼人体的腿部肌肉和手臂力量，但是很多使用者在使用时将其当作劈腿练习的机器，容易造成腿部肌肉拉伤等疾病，达不到健身的效果的同时还有害健康。还有一部分老人喜欢双腿朝一个方向一起运动，易造成重心不稳，一旦失手摔下，首先受伤的部位就是后脑。所以在对太空漫步等健身器材进行设计时，应该进行极限位置的设定，使踏板在分开到一定角度时，不能再继续增大角度，防止适用人群发生肌肉拉伤等事故。通过对人体尺寸的极限值分析可知，当脚踏板离开器材中心轴线的最大角度为 $55°$ 时为极限值，所以将极限位置设定在 $55°$ 最为适合。健身器材的制作材料大多为金属材质，多数南方城市和沿海城市的气候潮湿或阴雨天气过多，健身器材涂层容易产生腐蚀或者褪色，不仅影响美观，而且容易造成使用者手部磨破和划伤。所以在设计时应该注意健身器材的材料选择，必须选择安全、环保的材料。此外，健身器材的造型设计尽量简单且倒角圆滑，尽量不用复杂的零部件，避免人们在使用的过程中被划伤。

结构是保障安全性的基础，健身器材设计结构的稳定性、合理性及安全性，是保障老年人运动基本质量的重要因素。老年人参与室外活动的目的是锻炼身体，愉悦身心，健身器材产品设计的大前提是提供生理与心理的双重安全保障机制。在外观结构中圆弧造型元素的大量应用，可以有效防止老年人因意外滑落而造成的磕破与身体损伤；流畅、圆润、敦实的产品构架，容易让老年人在心理上产生安全感；由于老年人手、脚、腿、背等部位感知力下降，在与人体直接接触的结构处要选择有弹性、受温度影响较小的材料，如橡胶类材料等，这些结构可以处理成有纹理的表面，不同材质在结构变化处的应用，可以增强产品功能的表现力及指向性，对产品本身功能表达起到画龙点睛的作用，对老年人使用起到指引及保护作用的同时，还能防止滑脱现象，更重要的是能提高老年人皮肤神经末梢的感知度，全面增强老年人的各种机能。

（2）结构组件的人机工学要素

人机工学在设计中的合理应用，可以提升老年人运动的舒适程度，提高老年人运动时的安全系数。在设计老年人健身器材时要充分考虑到老年人特殊的强度承受范围，减少在使用过程中的安全隐患。人机工学不仅是老年人健身器材设计上的理论基础，更是老年人健身器材结构完善、尺寸合理、使用方便以及赏心悦目的设计原理。

老年人身体变化最明显的表现在于身高的萎缩。我国根据年医学的研究资料初步确定了其基本尺寸：人在 28～30 岁身高值最大，35～40 岁后逐渐出现衰退。一般老年人在 60 岁时身高比年轻时降低 2.5%～3%，女性的缩减有时可达 6%。因此，运用此身高的降低可推算出老年人各部位大致的标准尺寸。设计符合老年人的身体尺寸的产品，可以降低老年人在使用过程中的不适感，起到锻炼身体目的的同时，不会对身体造成伤害。另外，由于运动技能的衰退，关节、肌肉不同程度地老化，视力听力的衰退，持续体力和力量型的动作老年人很难或不能完成。因此，在设计老年人健身空间的健身产品时需要了解老年人各部分机能的能力范围。例如，太空漫步机是锻炼老年人腿部、腹部肌肉的，由于其操作简单，受到老年人的欢迎，但是，它是最容易让老年人受伤的户外健身器材。老年人因腿部肌肉缺少水分，而缺少韧性，脊柱周边的肌肉容易在腿摆动时被拉伤，因此太空漫步机荡腿部分结构夹角应该保持在 45°左右，速度应当控制在 3～4 秒/次。老年人的平均握力为 38.83 千克（男）、18.79 千克（女）；平均背力为 51.48 千克（男）、28.79 千克（女）；下肢肌肉平均力量为 25.31 千克（男）、26.13 千克（女）。在设计老年人健身器材时要充分考虑到老年人特殊的强度承受范围，做到强度小、操作简单安全、信息获取直接、易理解，注重使用者在使用情境中的感受和体验。从人机工学的综合方面考虑，健身器材应当引导老年人以一种平和、轻松、愉快的心情来锻炼和交流，防止因气急憋气而引发的脑出血意外、过于兴奋造成的身体不适等反应。通过人机工学的应用，户外健身空间的健身器材设计应该更加完善、容易操作，保证安全性。

（3）结构组件的可读性要素

结构的易学易懂、便捷的操作方式、加之材质上的鲜明区分所带给使用者指向性的快乐体验，减少因结构设计问题而给老年人带来的沮丧感，从而达到在保障老年人安全锻炼的基础上，更添一份心理的关爱。

2. 通用性原则

在对室外健身器材进行设计时，需要考虑各个地区人口在人体尺寸上的差别。由于种族、生活习惯和饮食的不同，每个地区的人体基本尺寸存在着很大的差异。所以，健身器材在设计时应参考各地区相应的人体尺寸特点作为尺寸设计的依据。室外的健身器材经常设置在小区内，面向广大居民，使用者主要是小区全体居民，所以对健身器材在尺寸方面进行设计时，根据国标中人体水平尺寸、立姿人体尺寸、坐姿人体尺寸等相应尺寸，选取第五十百分位数的人体尺寸进行设计，做到满足大多数人的使用要求。

3. 舒适性原则

在健身器材的使用过程中，使用者即使施力也是受力者，因此在设计时，尤为注意把手、扶手、拉环、座椅等部位符合人机尺寸和人体的各种自然曲线，使锻炼者感到舒适的同时减少健身器材对身体的损伤。例如，在伸背架的设计中，人体背部与健身器材相接触的部分，采用的形状曲线与人体脊柱曲线的形态相似，当使用者在进行锻炼时，脊柱的整体受力均匀，不存在受力不均匀或过激的情况。这种设计增加了使用者进行背部拉伸训练的效率，既增加锻炼时的舒适性，同时增加使用者在进行锻炼时的安全性。

4. 统一性原则

健身器材作为产品与使用场所组成了一个整体，在设计的时候要将健身设施的设计与周围的环境统一起来。在进行设计时，对于健身器材使用地面的铺装应该注意其色彩、尺度、质感及拼接等外观效果。

这些因素对健身器材的使用环境有很大的影响。很多小区的健身器材在安装时并没有考虑到其所使用的环境，将其随意安装在水泥地面上，水泥地硬度较大，危险性较大且不美观。室外健身器材作为人机系统中的机器，与使用环境存在着直接的关系，在设计时将健身器材和使用环境看成一个整体，有利于将健身器材等设施更好地融入到相对应的环境中，使健身器材和使用环境形成一个统一的整体。

5. 维修性原则

健身器材的维修性设计原则包括两方面，一是日常使用运行中的保养维护，二是定期的或出现故障时的检查维修。在室外健身器材中大部分健身器材都有摆动、转动等功能，如扭腰器、健骑机、牵引器、双人转轮、漫步机等，这些健身器材的零件相对灵活，容易产生磨损、松动，所以在使用的过程中应该定时进行检查和维护。此外，在设计健身器材时，尽量避免整体化的设计，当健身器材损坏或遭到破坏时，可以及时更换零件，避免健身器材在遭到破坏后，无法更换损坏零件从而无法使用，避免资源浪费。

本部分以小区室外健身设施为主要研究对象，分析了健身器材与使用者之间的关系，以人体尺寸数据作为健身器材设计的科学依据，总结出健身器材设计的基本原则，对室外健身器材的设计具有科学的指导意义，并为室外健身器材的设计提供了科学的理论支撑。

3.2 景观性健身设施设计的提升性要素

自 20 世纪末以来，我国已经正式进入老龄化时代，在社会老龄化日趋严峻的今天，如何使老年人在晚年更能体会幸福感，提升老年人晚年生活质量，使养老理念由原来的"安度晚年"向"欢乐晚年"转变，这是一个值得关注的问题。在居家养老为主要养老方式的今天，老年人最关注的是身体健康，无论是活跃型老人还是易疲劳型老人，在他们的生活习惯中，每天要保证一定时间的户外活动。由于身体机能渐渐退化，老年人的活动范围随之缩小，行动变得相对迟缓，特别是容易感到疲劳的老年人，一般喜欢安稳保守的运动方式。因此，大多数老年人选择集中在小区内设的健身点，围坐在健身器材周边，跟朋友聊聊天，或者借助健身器材做些力所能及的活动，达到活动筋骨、锻炼四肢、排解孤独感的目的。在调研中我们发现，这个老年人自发形成的聚集区域，起初是以全民健身为目的的非专业型训练场地，在该空间的健身产品中没有针对老年人使用做必要指导，用户群体导向不够清晰化，产品上并没有注明年龄段使用范围，也未配备详细的安全使用说明，同时缺乏专门针对老年人身体特征、人机工学原理等方面的设计，大多数健身器材的强度和难度已经超出了老人的能力范围，不能完全保障老年人在活动中的基本安全，更难达到快乐健身的效果，因此该区域的健身器材须根据老年人的身体特点及需求进行再设计或加以改造。笔者针对老年人健身器材设计产品的现状与设计方法进行调研，提出以下设计原则：

3.2.1　色彩纹理要素

色彩能最直观和迅速表现产品的功能及特性，老年人的眼睛对色彩的识别能力明显降低，尤其对冷色系颜色识别能力明显降低。然而，在很多公共活动空间的健身器材整体色调都以冷色系为主，器材本身缺少色彩区别。所以，设计时在兼顾整体色调的同时，更要注意健身器材各个功能结构的颜色设计。健身器材的主体色彩可使用给人感觉稳重结实的色彩，给老年人一种安全感。在需要色彩变化和关键结构的地方可以采用老年人容易被感知的暖色调，同时可以凸显老年人健身器材各个结构的变化和形状的大小。如，扶手、坐垫、把柄、拉环等结构处。这样可使老年人视觉、心理得到平衡，使之置身于一个安全、愉快的健身环境。健身产品的外观色彩不宜过于花哨，一般2～3种配合即可达到效果。

3.2.2　情感传递要素

重视健身器材情感化的功能设计，满足老年人的交流诉求。老年人在无人陪伴时往往会感到空虚，产生孤独感。因此，大多数老年人自发地将小区健身场所作为一个可以满足沟通交流的重要地方，寻求同衰老抗衡的心理自慰和精神寄托。将"沟通""交流"的理念植入到健身器材的设计之中，有助于排除他们的孤独感和寂寞感，体现对老年人的人文关怀，更好地让老年人通过锻炼放松心情，保持身体稳定的状态。

1. 产品操作的情感化设计

让产品这个物的形态具有老年人的"情感"，让产品成为情感沟通的承载者，促进物与老年人的交流，满足老年人的心理需求，让产品成为老年人的朋友。如，老年人在看见和触摸产品的瞬间就能准确无误地理解产品的用途及使用方法。在使用的同时有亲近感，可以引起老年人在心理上的共鸣，给老年人带来亲切、温暖、安全的情感体验。另外，根据老年人群在地域、气候、民俗习惯等方面的差异，对产品做出相应调节，充分考虑老年人的接受能力。

2. 产品使用行为的情感化设计

健身器材作为老年人休闲锻炼活动的媒介，应当起到引导老年人之间的"沟通"和"交流"的作用。配合增加无障碍步行路，增加老年人"串门"的几率，通过健身器材的摆放，满足老年人"人看人"的心理特征，将老年人聚在一起，做到在运动中结交朋友，在交流中收获快乐的目的。真正做到"以人为本"的设计理念。户外空间老年人健身器材的设计研究，主要是探讨在老龄化社会的前提下户外空间健身器材设计的设计方法。期望引起社会对户外老年人用品的关注，在人口老龄化的背景下，使社会公共设施设计更加完善，使老年人晚年生活更方便、愉快，同时对今后我国养老社区户外健身空间健身器材设计和研发提供参考和现实的理论依据。尊老爱幼是中华民族的传统美德，我们每个人都不可避免地要走进银发世界，关爱老年人，就是关爱全人类，提升老年人晚年幸福指数是我们的责任。

3.2.3　文化传播要素

在设计前，应从居住区的地域性差异进行充分调研，分析不同地域居民的传统生活习惯和文化需求。可以将环境设施作为地域文化与特色的承载体，发挥历史传承与文化传承的积极作用。例如，某些地区可以根据自身的文化历史背景，建设具有地方特色的建筑风格。居住区的健身设施亦可遵循地域特色进行设计创新与文化传承。

第4章　居住区公园景观设计与交往空间的营造

随着城市高楼的兴建与居住环境的不断改善，居住区楼宇的硬件设施都日趋完善，但现代人生活节奏紧张且工作繁忙，很多居住区邻里之间见面的机会很少，交流之少更是可想而知。显然，居民之间的交流机会受到严重影响，长此以往邻里之间关系淡漠。这种长期不与人沟通、交流的生活方式在现代老年人白天的生活状态中非常普遍，甚至会产生老年人因群体活动及交流缺失而引发的孤独等社会问题。如何能够改善这些亟待解决的问题，重新营造和谐融洽的居住区环境，是环境设计师需要考虑的重要问题。

本文对居民日常健身与休闲具有代表性的重要活动场所——居住区公园进行了分析，发现国内大部分居住区公园的设计只是基本满足了基础空间的设计要求，考虑了景观、道路与绿化等方面，并没有把居民情感的交流和沟通交往的需求当成设计重点。本文将环境设计与产品设计相结合，重点通过地域文化元素、装饰美学、形式美法则等方面对居住区公园交往空间的营造与健身设施的创意性设计进行实际、有效的研究。

4.1 "人本"理念是景观设计的核心

"人本"的景观设计理念是遵循"以人为本"的态度来尊重人与自然的关系。美国现代风景园林的先驱西蒙兹在他所著的《景观设计学》一书中提到，"真正的设计方法源于这样一种认识，那就是：规划应最大限度地为居民带来便利、融洽和乐趣"，同时还提到，"规划仅对人具有意义，乃为人而作，其目的是使其感觉合适与愉快，并鼓舞其心灵与灵魂"。因此，追求人与自然环境以及社会关系达到和谐统一，才是一切设计的核心。

4.2 居住区交往空间营造的重要性

美国著名的城市学家简·雅各布斯，在她的著作《美国大城市的死与生》中详细分析了"城市形态的改变对人们生活习惯的影响"以及"公共空间形式与邻里关系的相互联系与共同发展"等重要内容；详细论述了居住区空间与设施等的设计是否会被居民接受，以及其间各种复杂的因素都会直接影响邻里关系是否和谐。并且她提出"生活是包罗万象的、错综复杂的……"。强调城市景观设计应当是自然化的、而非教条与僵化的。即使城市是在共同遵守的秩序中也应该顽强地表现出自身的多样性，让城市景观变得多姿多彩。丹麦城市设计师扬·盖尔于 1971 年发表了自己的专著《交往与空间》，这部著作详尽地分析了室外空间对人们行为方式的重要影响。他首先分析了公共空间户外活动的类型，然后对城市居住区的景观规划、空间、步行等方面都做了实际的调查与分析，并根据人们的不同行为习惯和心理诉求进行城市规划与景观设计。在著作中，扬·盖尔还提出了柔性边界的概念，这个概念为现代城市及居住区设计提供了新的理解内涵。交往与空间的联系是非常紧密的，居住区空间是为人们之间的交流与交往服务的，这样才是符合人与自然生活规律的最佳设计理念。

本文在课题实施过程中，基于"居住区交往空间营造的重要性"方面开展了阶段性的实地调研，针对居住区居民采取了问卷和访谈等多种调研方法，对居住区不同年龄段居民最喜欢或最有意愿参与的各项活动、户外空间模式、健身运动项目等都做了真实的调研。其中，在关于健身设施项目的选项中，愿意选择健身设施进行锻炼的居民占到被调查总人数的 86%；75% 的居民选择了以座椅为主的环境设施；55% 的居民选择了儿童游乐设施；36% 的居民选择了水景观等亲水设施。从调研数据可以看出，居民对于健身设施的参与度排在首位。因此，居住区健身空间和健身设施作为本项目的研究重点将在后面的章节中进行详细阐述。

4.3　居住区交往空间营造的原则

4.3.1　满足居民需求

马斯洛是著名的心理学家，也是人本主义的代表人物。他的《需求层次论》将人的需求划分为五个层次，即生理需求、安全需求、爱的需求、尊重需求、自我实现需求。生理需求是对水、空气和食物等的基础需求，也是人类最低级别的需求。安全需求包括对人身安全、生活稳定以及免遭痛苦、威胁或疾病等的需求。爱的需求是对友谊、爱情及交往的需求。当生理需求和安全需求得到满足后，社会需求就会凸显出来，对人产生积极作用。尊重需求指人们对自身成就或自我价值的追求，也包括他人对自己的认可与尊重。自我实现需求以自我实现或发挥自身潜能为目标，从而达到自我价值的实现。

马斯洛需求层次论是依次按由低到高的层次进行排列的，五个层次的需求是递进关系。他阐明了人们不同阶段重视的不同目标，以及不同类型的行为将影响不同需求的满足。这个理论指出，人类基本都会有较高层次的需求，通常在满足了低一层次的需求后，就会向往更高层次的需求，这些更高层次需求的实现是激励大多数人努力与奋斗的过程。这充分说明如果景观设计是真正为居民着想的，就应该从居民的需求出发，以尽量满足居民所需，这样的景观空间及设施才是务实的。

4.3.2 注重场所精神

良好的交往空间可以使居民在交往过程感到愉悦，同时也在潜移默化中净化人们的心灵，提高人们的素质，使他们得到爱和归属感。居民在提供公众活动的场所和能激发交流欲望的交往空间中，能获得轻松、愉悦、舒适、平静、安全、自由的心灵感受，产生场所精神的力量。

4.3.3 倡导文化传承

倡导文化传承可以防止城市中的历史、文化的流失。居住区交往空间是居住区地域文化的载体，反映居民在文化上的追求。在设计时需通过各种景观元素（艺术地雕、展示廊等）来传递和表达文化，营造出富有地域文化特色且富有创意和个性的交往空间，植物景观也应具有相应的地域文化特色。

4.3.4 促进共享空间

居住区交往空间的设计应使各类空间相互穿插、相互契合，使交往空间的功能多元化，场地设施多功能化、非专业化，以吸引不同年龄段的居民共享同一空间。例如，将健身空间和休闲广场空间相互贯通，可以使人们在健身的同时也能吸引路人逗留观看。健身和休闲各有其主导时间，人们可以分时段利用场地设施，增加空间的利用率和共享性。这有利于设计师设计、营造更多能激发自发性活动的交往空间，增强居民对社区的归属感、领域感与亲切感，促进邻里关系的和谐。

4.4 居住区交往空间营造的重要方法

景观和设施设计往往在居住区交往空间营造中发挥着非常重要的作用。下面，我们从半公共空间对交往空间的营造、植物对交往空间的营造、健身设施对交往空间的营造、环境设施对交往空间的营造四个方面来阐述与分析。

4.4.1 半公共空间对交往空间的营造

半公共空间，即半封闭的公共空间，一般由景观组团围合而成，置身于半封闭空间的人会产生明确的领域感。半公共空间是居民之间交往和休闲的主要场所，也是参与度和利用率较高的场所。在对居民户外交往活动的调查中发现，他们对于半公共空间更加偏爱。半公共空间是作为公共空间和私密空间的过渡空间而存在的，处于半封闭状态，它对环境空间会起到衔接与过渡的作用。完全开敞或完全封闭都不会有半封闭的空间效果。半公共空间就是半封闭状态空间，完全开敞空间会使人缺乏安全感，如果想产生半封闭效果，可以利用灌木或绿篱的高度做隔断，进行不同高差的围合与区域划分，能较好地区分各个功能区域，从而使居民获得心理上的领域性。

4.4.2　植物对交往空间的营造

1. 植物的特性带给人的感受

植物的每个部分（包括花、叶、果实等）都具有丰富的色彩和观赏性。不同的色彩对人的理解会有不同，比如鲜艳明快的色彩，如红色、黄色等就会使人有愉快的心理感受，而具有这种色彩的植物适合种植在能使人产生欢快感受的场所。而像蓝色、白色、粉色等一些相对平缓的色彩会让人有安静的感觉，适合栽植在休闲安静的场所。深绿色会让人有庄严肃穆的感觉，适合一些庄严的场所，但是深色的植物过多又会让人有阴森恐怖的感觉。浅绿色、明黄色会使空间明快活泼，充满动感，适合充满朝气的空间形式。植物的花、叶、果实等都可以作为植物具有观赏性的一个很重要的方面存在。植物的花是最具景观效果的部分，不同的花色可以给人不同的视觉和心理感受，红色的花代表热烈，黄色的花使人感觉明快，白色的花能给人一种纯净和清凉的感觉，紫色的花显得高雅和神秘。不同颜色的花要根据场地不同的要求进行配置。植物的观叶效果也是植物特定的一种景观效果，树叶的季相可以很好地反映季节交替，比如银杏到了冬天树叶就会变黄，也有些植物本身的叶片颜色就是异色，比如紫叶李和红花继木，叶色就不会随着气候的变化而变化。色叶植物可以在没有花的时候丰富居住区的景观层次，因为叶片本身的观赏性成为人们视线的焦点，且色叶植物也可以起到引导居民游览的作用。一些植物的树干由于其特殊的形态和色彩也会有一定的观赏性，如白桦、法国梧桐、紫薇等。在植物的选择上可以选择一些观赏性好、季相分明的植物，如月季、桂花、腊梅等观花和闻香的植物，这样给居民的户外生活提供乐趣以吸引其外出。公共空间应该有舒适的座椅和遮阳的设施，给居民的交往提供一个很好的室外环境。因为靠近居民住宅，方便家长看管，空地可以设置一些简单的儿童游戏设施来方便儿童进行简单的游戏和锻炼。也可以让路过的居民到场地坐坐和休息，是一个能让居民进行交往活动的很好的场地。

2. 植物的限定作用对交往空间的影响

植物会对空间产生很强的限定性作用，可以将植物的空间设置成完全开敞空间、半封闭空间以及封闭空间三种状态。完全开敞的空间的植物高度不能影响居民在游憩过程中的视线，使居民可以很好地看到空间范围内的各种活动，形成一个完全开放的空间形态。这时可以运用草坪等地被类植物进行大面积铺设，会使空间产生自然的通透与呼吸。半封闭空间可以使用较低矮的灌木或绿篱来限制空间，具体根据所需要设置的封闭效果来调整高度与遮挡的百分比。半封闭空间也可采用高大的乔木进行部分遮挡，保持一部分空间开敞。封闭空间通常采用各种不同类型的树种排成树阵广场形成围合空间，有一定的隐蔽性。这种空间适合少数人进行交流活动，对于外部空间的限定性很强。

4.4.3　健身设施对交往空间的营造

健身场地是小区居民进行交往活动的重要场所。一般有条件的小区都会设置一些专业的健身设施来满足有需要的居民使用，也可以用作训练和比赛的专业场所，这样不但可以促进交往，提高居民主动外出健身的概率，也可以产生一些如打招呼、聊天、交谈等交往形式。除了专业的健身场地，小区一般还会有一些为各个年龄层的居民提供的普通健身设施。随着居民户外活动的增加，小区的健身设施可以让居民随时随地方便使用，居民可以进行一些简单的健身锻炼和休闲活动。小区的健身场所应该设置在环境比较安静、景色优美并且远离车行道路的地段，也可以结合宅前绿地和小区公共绿地综合布置，要求距离比较近，可随时到达。健身场地应该设置在光线充足、通风效果好，并且夏季能够很好遮阴的场所。场地应该设置休息区域，按照居民的需求布置足够的座椅和休闲设施，方便居民休息和交流。健身场地的铺装应该防滑、耐磨、易清洗且耐腐蚀。健身场所的植物配置应该和周围的环境相协调，能起到夏季遮阴、冬季防风的需求。

4.4.4　环境设施对交往空间的营造

居住区公园的座椅是公园环境设施的重要代表之一，更是营造交往空间的重要承载物。座椅是小区居民小憩和休闲的重要设施，也能很好地促进居民的逗留与交往，只有让人们坐下来停留，才有可能产生有价值的交往。因此，必须为居民的停留提供好的场所。座椅的布置应该延边设计，让人们感觉背后受到一定的保护，会有一定的安全感而增加小坐的欲望。一些背后没有遮挡或者支撑的座椅安排方式，会使居民缺乏安全感而放弃使用。一些沿路布置的座椅因为其方便对场所进行观看也受到居民的喜爱，居民可以在休息的同时观赏场所进行的活动，从而受到感染。因此，能充分融入场所活动的座椅设置更加受到居民喜爱。座椅的布置不是随意的，是需要精心设计和规划的。在很多小区，座椅的布置显得很随意，并没有经过精细的思考和推敲。一些设计师为了图纸上的圆满没有留白，就在空间内随意布置一些座椅，根本没有考虑到使用者的心理需求和活动。特别是对于一些老年群体来说，因为他们身体机能逐渐退化，体力较成年人弱。好的座椅设置对于老年群体来说一定要具备舒适性和使用性，不仅要方便居民疲劳的时候可以随时休息，也要保证休息的时间能尽量久一点，避免因为座椅不舒适而影响休憩时间。座椅的设置方式不是固定的，除了一些基本的座椅以外，设计师还可以布置一些具有座椅功能的辅助性设施，比如台阶、花台、矮墙等。一方面作为景点而存在，另一方面也可作为座椅应急。也可以形成一个以大的座椅为主的景观，比如带着阶梯的大型喷泉景观、阶梯广场等一些景点，既具备了景点的特征，又保证了居民的休憩和交往。

4.5　居住区交往空间营造的趋势

在居住区交往空间的设计中，应强调以人为本的设计原则，从人的心理和生理需求出发，通过交往空间环境的营造，创造出人与人和人与环境的对话交流机制以及使人愉悦的精神交流场所，形成美好和谐的居住环境。居住区环境及配套设施的未来建设，也必将为交往空间的营造及人类和谐共生创造条件，这样的良性循环模式也将成为我国新时期居住环境发展的必然趋势。新一代景观设计师和产品设计师任重道远，不仅要将所学、所思更好地融入自己的专业设计，还必须将人与自然的关系融合得相得益彰，在提高生活质量的同时让居民真正感受到人与自然的和谐统一。

居住区公共空间的整体营造就是指强化居住小区公共空间的各个构成要素及其相互关系，完善公共空间的各个层次结构及其相应的功能。突出居住区人的主体地位，所有公共空间的营造都要做到以人为本，为居民创造适宜交往的空间，增强小区的归属感和凝聚力。居住区公共空间的整体营造就是要搭建公共交往的合理平台和对公共空间进行整体的、系统的空间形态营造。搭建公共交往的合理平台，一个重要的基础就是适度地保障居民居住的同质化、同层次化。具体来说居民在生活背景、职业、经济水平、受教育程度、性格爱好、社会地位、价值观念、文化层次、行为习惯等多个方面都有相互吸引和相互认同的东西，而正是这些彼此吸引的关系，才能够把居住其中的居民紧密团结起来，促成交往。对公共空间进行细致、整体的形态营造也是搭建交往平台的一个重要内容。与公共交往有关的元素涉及居民公共交往的方方面面。因为人的行为的复杂性和多样性，没有一个公共空间能够满足所有人对其使用的需求。但是，积极良好的公共空间设计能够造就良好的邻里交往。人们的公共交往行为产生有出发、到达、停留、交往等几个层次，如果人的交往与空间形态的契合度高，人们就愿意在这个空间停留，而有针对性的空间形态建设，也使人们对空间使用由随意变得目的性更强，也加强了居民出行和交往的动机。形成良好的交往空间建设，简单点说就是创造一个具有吸引力和交往价值的空间。这不仅仅表现在空间形态上，也表现在空间里面人的行为上，即公共空间能够提供多种休闲活动方式，如购物、娱乐、休息、散步等。交往功能越丰富的空间，居民对它的需求就越高，人们的出行动机就越强。公共空间的整体环境建设要提供一个赏心悦目的空间，吸引人们驻足停留。而具有人气和亲和力的空间也是良好的交往空间建设的一个重要部分，它会很好地吸引受众的参与，人与人的活动能够更加激发其他人的活动，有人气的公共空间，只要不是特别嘈杂和拥挤，那就会对还没有参与其中的人们有很大的吸引力，并能促进和加强居民之间的良好沟通和交往。

第5章　居住区健身设施设计与景观环境的有效融合

　　随着人民生活水平的不断提高，越来越多的人对健康的重视程度增强，逐步形成全民健身的主导思想。在我国城市居住区建设开发的过程中，居民对于居住区的建筑外环境、整体生活风貌的要求也越来越高。以山西省居住区环境设施的创新发展为例，居住区环境设施不但需要配合区域经济建设的发展与提升，更需要适应我国当今的体制发展。作为山西高校环境艺术设计专业的教师和环境设计师，如何发挥自身专业优势，更好地为山西省区域文化、经济建设服务，打造富有山西地域特色的居住区生态环境及创意设施，从而不断辐射周边城市，引领这一领域时代的进步？我们力图通过环境设计师和产品设计师的联合创作与实践教学，对该主题进行设计尝试与应用研究。由于健身设施是环境设施中重要且独立的一块内容，并且也是居住区环境中问题最突出的部分。本人的实践教学案例，也是以健身设施为主进行了地域文化元素、装饰美学元素的创新创意设计研究。因此，文中很多地方以健身设施为例进行研究与阐述。

5.1　居住区环境设施的建设现状及存在的问题

　　在户外运动已然成为时代主题的今天，住宅小区的环境设施作为居住区基础设施建设的一部分，仍存在诸多问题。其中，环境设施的设计没能很好地与环境协调统一、共生共长，而拒居民于千里之外，导致亲和力缺乏而利用率较低。在对国内外现状进行调研后我们发现，我国与西方国家相比差距很大，美国社区环境设施的建设是重点，在考虑环境设施功能的同时，重视景观元素、美学法则、地域文化的运用与表达。在我国，以山西省为例，居住区环境设施的建设，相对于省外较发达地区来说整体起步较晚、发展滞后，还停留在基础的阶段，以健身设施为例，色彩的使用基本采用红、黄、蓝等基础色调，色彩单一、生硬，过于理性，无风格倾向，冷漠呆板，许多年来变化不大，发展基本停滞，严重忽略了健身设施带给民众审美方面的体验。环境设施无论从外观设计还是与环境的协调统一上，都没能很好地发挥其优势和作用，居民通过户外环境相互交流的空间营造方面更是缺乏，从而居民缺少社会交往机会，邻里关系显得淡漠。因此，对于居住区外环境的建设不应仅仅停留在环境规划单一的层面上，应大力调动和发挥产品设计和环境设计的双重作用，以人类与自然和谐共生的环境理念为努力方向，从而对时代起到积极的引导作用。

5.2　居住区环境设施的设计理念

5.2.1　"以人为本"的设计理念

居住区的环境设施是服务于居民的，因此环境设施的设计更应该从人的需求出发，遵循"以人为本"的设计理念。设施的设计必须考虑到人与自然和谐共生，将居住区的环境规划与自然有机协调，将先进的创意美学运用到环境设施的建设中，可以多多利用自然环境，尽可能做到不破坏自然景观，使居住区的居民安居乐业。在美化环境的同时，注重实用功能。以健身设施为例，在设计的过程中，设计者应考虑特殊人群的需求，例如老年人、儿童以及残疾人等的具体情况，必须按照不同人群的活动特性进行分析，尽可能保证健身设施使用的广泛性。普通人群的健身目的通常是锻炼身体，喜欢有运动效果的健身设施。而老年人对户外环境设施的要求更需要精神的放松与愉悦，更多的是通过这个交流和聚会的场所获取社会及生活信息。考虑到儿童的需要，可以设计一部分儿童游乐设施。

5.2.2　安全性与易操作性相结合的设计理念

首先，健身设施使用过程的安全性与易操作性是设计师首先要考虑的。其次，老年人和残疾人对健身设施的强度、速度、高度等的特殊要求都应进行充分考虑。最后，设施的材料、结构、工艺等的安全性也是考虑的重点。因此，健身设施应同时具备安全性与易操作性的特点。

5.2.3　设计创新与优化改良性相结合的设计理念

设计创新过程中必须考虑以下几个因素：第一，改变以往环境设施单一化、模式化、易损毁等现状，将环境设施与生态化、地域文化、装饰元素设计等充分结合。第二，环境设施分别与交通导向设计、交流氛围营造相结合。第三，环境设施的设计绝不能为了与环境充分融合而脱离现实需求，应在原有设施功能合理化的基础上进行优化与改良性设计，特别是对人机工学的运用方面，充分表现科学性与合理性，充分体现安全、方便与舒适，还要注重健身设施形式与功能的一致性。

5.3　山西居住区环境健身设施的创意设计元素植入

5.3.1　居住区设施中地域文化元素的植入

山西是地面文物占全国 70%的历史文化名省、晋商文化的发源地、重要的大院旅游文化省份。其大院文化以院内雕梁画栋，精美的木雕、石雕和砖雕艺术凝聚了中华民族传统的道德观念和儒家思想，同时也体现了明清时期中国内地古朴闭塞的民风。大院历经数百年的沧桑，以其宏大的规模、独特的建筑风格形成了浓郁的地方特色。为了凸显山西大院文化，居住区的健身设施也可遵循山西省地域特色进行设计创新与文化传承。

5.3.2　居住区设施中创新设计元素的植入

健身设施的色彩、材质、装饰元素等要充分与环境整体规划协调统一，能够承载地域特色，通过设计的合理性与亲近感来满足居民的需求。许多冰冷的设施没有亲切感，一年四季健身设施的使用高峰也仅仅停留在部分季节，在炎热的夏季和寒冷的冬季，会让健身者对设施敬而远之。可以通过创新设计元素的植入，为健身设施注入人文内涵，使用生动合理的设计语言逐步引导居民对创新理念的认知。第一，健身设施色彩及装饰纹样的植入。为了使居住区的健身设施与环境融为一体，应该在考虑整体性的同时，突出装饰色彩及语意的传达。视觉意象可以采用草木的色调及昆虫身体的图案对其进行点缀，表现自然、生态的色彩。如果这些色彩运用到环境健身设施中，会让人体验大自然的美妙感觉，而不是与环境格格不入的冰冷器械。第二，健身设施新型材料的植入。居住区健身设施通常以金属作为主体材料，几乎所有小区的健身设施都极其单一、简单，甚至是简陋，与精心规划的环境显得格格不入，甚至严重影响了优美的环境。金属材料最大的弊端就是经不起风吹日晒雨淋，长期暴露在室外环境中容易腐蚀和损毁，部分有放射性元素的金属对人体的伤害很大，同时也在潜移默化地释放微量元素，破坏植被的生长。努力尝试使用类似碳纤维等新型材料，可以降低在使用过程中带来的安全隐患，同时也为环境的美化增色不少。在健身设施设计中，要尽全力利用环保的天然材料，并引领环境设计领域新材料的使用潮流。

5.4　环境设施的创新研发与前景展望

山西生态居住区环境配套设施建设与其他大中城市相比较为落后，根据山西省居住区环境建设的特点与规模，要快速发展及改善山西省的居住区环境建设，需要大力发展区域经济建设。居住区环境及配套设施的建设将成为山西省新时期居住环境发展的必然方向。围绕我国社会主义核心价值观的主题，加之山西省正在努力实现经济转型、着力打造文化旅游省、市，居住区环境及配套设施建设必将成为全省城市建设的主流方向，也势必会影响和辐射到全国居住区环境建设的各个领域。比如，北京和西安这样的文化历史名城，它们的健身设施设计都离不开地域文化的协调，要自然体现出地域特色，让民众潜移默化地受到地域文化的熏陶。山西省创新生态化居住区环境及设施建设将会给山西省建筑、建材和相关产业带来一场技术革命和发展机遇。居住区的建设需要工程技术的支持和相关产品的跟进，因此，应运而生的设施产品与相应的设施材料都会促进新的市场与领域的拓展，具有地域特色的环境设施设计与开发将是未来发展的主方向。

本人指导学生团队以山西省万柏林玉门河公园为例，对居住区环境健身设施进行了系列优化改良设计，对设计草图、设计效果图案例的成效性和国外相关成功案例进行综合分析，来佐证该设计理念对于引导城市居住区景观环境建设健康、合理地发展是实际有效的。最后，本文对环境设施的创新研发与前景做了展望。

第6章 居住区健身空间与健身设施调研分析

本章研究对象为城市公共空间中的居住区公园健身空间和健身设施。目前由于国家政策的大力支持，全国民众健身积极性高涨，同时也增加了对城市公共健身空间的需求。城市中有位于小区内部、单位内部等的健身空间，但这类健身空间的服务对象有限，不能广泛地被市民使用。而城市居住区公园的健身空间使市民能够自由使用，服务对象更加广泛，可研究性更高。为了解决极高的人口密度与城市公共健身空间有限的矛盾，需要保障城市资源被高效利用，提高城市公共健身空间的适用性。因此，研究城市居住区健身空间的步行可达性，以及设施吸引力、冬季适应性，能够有效提高城市居住区健身空间的利用率。

6.1　太原市玉门河公园调研方案及健身空间现状

要获得太原市玉门河公园城市公共健身空间使用情况的第一手资料，就要对玉门河公园的健身空间进行深入的调研和问卷调查，并对调研结果进行分析和总结。本章首先，介绍了太原市玉门河公园的概况，包括气候、地理以及绿地规划；其次，介绍了调研策划以及调查问卷的设计；最后，介绍了玉门河公园的健身空间现状，为下一步总结分析做基础。

6.1.1　太原市万柏林区玉门河公园概况

1. 太原市地理环境和气候环境

（1）地理环境。玉门河公园地处太原市，太原市位于山西省境中央，太原盆地的北端，华北地区黄河流域中部，西、北、东三面环山，中、南部为河谷平原，全市整个地形北高南低，呈簸箕形。海拔最高点为 2670 米，最低点为 760 米，平均海拔约800 米。区域轮廓呈蝙蝠形，东西横距约 144 千米，南北纵约 107 千米。

（2）气候环境。太原市属温带季风性气候，冬无严寒，夏无酷暑，昼夜温差较大，无霜期较长，日照充足。年平均降雨量 456 毫米，年平均气温 9.5℃，一月份最冷，平均气温 6.8℃；7 月份最热，平均气温 23.5℃。太原市地处大陆内部，距东部海岸线较远，其西北部为广阔的欧亚大陆腹地。在全国气候区划中，属于暖温带大陆性季风气候类型。太原地区所处的北半球中纬度地理位置和山西高原的地理环境，使之能够接受较强的太阳辐射，光能、热量比较丰富。同时，受西风环流的控制及较高的太阳辐射的影响，其气候干燥，降雨偏少，昼夜温差大，表现出较强的大陆性气候特点。冬季受西伯利亚冷空气的控制，夏季受东南海洋湿热气团影响。随着季节的推移，两大气团在太原上空交互进退，此消彼长，发生着规律性的周期更替，形成了冬季干冷漫长，夏季湿热多雨，春季升温急剧，秋季降温迅速，春秋两季短暂多风，干湿季节分明的特点。太原地区复杂多样的地貌形态，形成了差异明显的气候区域，既表现出清晰的垂直变化，又具有一定的水平差异。

2. 玉门河公园概况

玉门河公园地处太原市万柏林区，西临前进路，东临和平北路，玉门河由西向东从公园中部穿过，公园占地18.7公顷，其中绿地面积为12万平方米，园路广场及建筑为4.5万平方米，水面2.2万平方米。该项目是太原市重点工程项目之一，由太原市园林局组织建设，于2006年3月开工建设，2007年10月正式竣工，自然条件优越。

根据公园总体规划，公园在功能与景区分区方面主要设有入口广场、儿童活动区、中心文化休闲区、植物景区、农田观光区、生态健身区等。玉门河公园主要建设工程有园内上下水管网工程、大门工程、电路铺设工程、假山、小溪、下沉广场和广场铺装、亭、台、绿化美化等工程。该公园的建成填补了太原市汾河以西无综合性公园的空白，是太原市政府以人为本、改善人居环境、营造生态文明、构建和谐社会的重大举措，对于改善和提高太原市中心区的环境质量、降低污染，美化太原，丰富当地人民文化生活具有重要意义，同时也对太原市早日建成生态园林城市以及未来创建国家级园林城市有重要意义。

3. 玉门河公园绿地系统建设

目前在太原市政府的各项规划文件中，不同程度地体现出太原市玉门河公园绿地系统建设的现状以及对未来建设的规划和展望，但是对于其中可以作为健身场所的公共绿地缺乏整理和规划。绿地系统与城市居住区健身空间是相辅相成的，在前期对于健身场所的访谈意见中，居民对美化景观、绿化环境的要求所占比例最多。所以，城市居住区公园健身空间应全部或部分依托绿地系统进行建设，进而为居民提供更加宜人的健身环境，增强场所吸引力，加强步行可达性。

（1）万柏林区绿地系统总体规划现状及展望。目前玉门河公园的绿地系统有以下五点不足：一是公共绿地分布不均；二是公共绿地种类单一；三是道路绿地率低，不满足规范要求；四是硬质铺地较多，降低了公共绿地面积；五是纯绿地面积和健身设施不足。虽然目前能够按照国家标准预留30%的绿地，但不满足居住区规划规范，居住区中没有各级别绿地，绿地率重点在于中心花园，且健身设施不足，不利于居民使用，使居民能够进行的活动单一。

在本章中，居住区公园绿地系统建设完善仅是初级目标，如何将居住区公园公共健身空间系统与绿地系统结合建设，是完善居住区公园健身空间质量的重点。城市绿地为供给群众游憩的场所和美化景观的绿化用地。所以，城市绿地不仅具有观赏作用，更重要的是为居民提供游憩、健身的场所。然而，在调研中我们发现，沿河岸两侧的绿化带中，仅有少数游憩、健身场所，多为观赏性的绿化。因此，总体规划已经建设完成，但生态绿化仍有较大的提升空间。

（2）玉门河公园绿地系统展望。玉门河公园在未来的规划目标中，力求打造出良好的绿化生态环境，并加强基础设施建设。因此，将绿化与景观环境相结合对健身设施进行建设，很大程度上能够加强居住区公园健身空间质量。

6.1.2　调研策划

实地调研之前，首先，要进行预调研，了解玉门河公园公共健身空间的使用情况，包括市民健身高峰的时间以及地点。其次，对前文提到的五类城市的公共健身空间、公共绿地、中心广场、河沿空间、建筑公共附属空间等，进行了抽样实地调研和问卷发放。最后，对问卷数据进行统计分析。

1. 调研理论基础

（1）人文主义学派理论。只有充分了解行为者的行为原因，才能切实了解其行为逻辑。对于本章的研究方向，在研究过程中要充分观察，切身体验健身居民的行为模式，深度挖掘健身居民对健身地点的选择、健身时段的选取、健身活动的爱好等形成的原因。采用理性的分析、归纳与对比等方法，对居住区公园公共健身空间的空间分布、设施情况、景观环境与设施的融合关系以及健身设施的冬季适应性等进行研究，以便下一步提出合理的发展策略。

（2）环境与行为关系理论。该理论是关于物质环境与人类行为关系的研究。人工和自然环境均称为物质环境。本章中的物质环境即居住区公园健身空间。居住区公园中的人工健身设施、景观环境对人类心理以及行为的影响和积极性作用等，是本章研究的重点。该理论尤其适用于研究创新、创意设施设计的吸引力对居住区居民产生的影响，着重研究健身居民的心理活动和感受，通过改善居住区公园健身空间的环境，包括健身设施以及景观等，打造舒适宜人的居住区公园健身设施及空间。

（3）扎根理论。研究与树木根部养分的供给是同样道理，首先，要获得最直接的第一手资料和数据，从资料和数据中分析研究相关问题；其次，对所发现的问题进行进一步研究和改善。本章即通过实地调研获得第一手问卷调查数据，在观察法、访谈法、问卷调查法的基础上进一步对所发现的问题进行探讨和研究。

2. 调研目的

通过实地预调研对太原市玉门河居住区公园公共健身设施的使用现状及景观空间进行初步了解，包括健身居民对健身地点的选择、选择的原因、健身的时间等。通过预调研，确定了研究对象为城市公共健身空间，并以提高城市公共健身空间质量，为健身市民提供更方便、更舒适、更实用的居住区公园创意性健身设施与健身空间为最终目的。

3. 调研方法

（1）前期通过观察法和访谈法进行调研。采用观察法，观察太原市玉门河居住区公园公共健身空间中各类型运动的高峰时间以及人群的性别构成和年龄构成。之后，在不同时段，通过访谈法掌握健身居民的想法和意见，为下一步设计调查问卷做基础。

（2）将与本章相关的问题以及健身居民关心的问题制成调查问卷，根据之前访谈法得到的答案整理归类，总结出多种选项，以方便市民填写问卷。

（3）通过问卷发放，充分了解居住区公园公共健身空间的不足，以及各年龄类型的健身市民对于健身环境的不同需求，最终总结出居住区公园健身空间中影响使用健身设施质量的原因，为后续研究指明方向。

4. 调研分类地点

居住区公园健身空间包括公共绿地、健身设施、中心广场、河沿空间、建筑附属公共空间、体育运动区等六种健身空间类型。

6.1.3 调查问卷设计

调查问卷的发放和回收是下一步研究工作的基础，也是在上一步预调研基础上对城市公共健身空间使用情况进行深入了解。由于本章是对居住区公园健身空间适用性多方面的调查研究，因此，通过问卷了解居民在健身活动中的感受对日后提出发展策略具有重要意义。

1. 调查问卷设计的原则

（1）调查问卷的目的明确，是了解居住区公园健身空间中健身居民对健身环境和设施通达性的建议，了解健身群众的第一手资料。

（2）问卷问题的逻辑顺序遵循先简单后复杂的原则，从健身频率、健身运动等开始，逐渐进入对健身设施设计及改善后的健身空间环境的建议和意见。若一开始问题设置过于复杂，会降低正在健身中的居民参与调研的积极性，导致问卷发放效果不理想。

（3）避免专业术语，使用通俗易懂的语言，如将健身设施具体到各个种类，而避免使用体育设施、休闲运动设施等术语，使健身居民能够准确有效地理解问题。

（4）由于目前参与健身活动的人群年龄构成以中老年人为主，考虑到中老年人的视力问题和理解问题，问卷采用大字号，并在必要的时候以访谈代替问卷填写，以获得真实有效的第一手资料。最后，问卷问题尽量精简，通过最少的问题得到最有效的答案，有利于控制问卷长度。过长的问卷会使填写问卷的人失去耐心并降低填写的认真程度，所以在问卷设计过程中避免将问卷设计得过长。

2. 调查问卷设计的依据

对观察法、访谈法的结果进行整理分析，作为调查问卷设计的依据。观察法是通过预调研对居住区公园居民健身的时间和进行的运动进行观察并初步了解。而访谈法通过提问的方式对健身居民、健身地点、健身设施造型、色彩、材料等的意见进行初步了解，根据居民的回答，设定调查问卷中选择题的选项。可见，观察法和访谈法是后期调查问卷设计的基础。

(1) 观察法成果整理。对玉门河公园全天各时段进行观察，并对不同时间进行的不同活动进行记录。根据观察，晨间和晚间属于健身高峰，尤其晚间人数更多。晨间健身人群主要是中老年人，几乎不见青少年，进行的健身活动以太极拳等较为安静的健身运动为主。而在晚间，健身人群的年龄构成更丰富，青年人也占一定比例，健身运动也更丰富，以广场舞等更为活跃的健身运动为主。在下午，有少量健身运动，以打牌、散步等休闲交往活动为主。

在观察法进行过程中，由于居住区公园健身空间中的健身活动以晚间最为丰富，所以在下午 6：00 到 8：00 的时段进行观察，记录各类活动的人数、年龄组成以及各类运动的高峰时段，为下一步访谈的进行打下基础。根据观察，将不同活动在不同时段的人数绘制成折线图后可以看出，健身活动的最高峰时段在 7：00 到 7：30 之间。

除此之外，对玉门河公园内不同区域中进行的健身活动进行统计，绘制成健身地图，观察不同健身运动对场地的要求。如较大面积的广场主要进行广场舞运动；小面积的广场中进行太极拳、踢毽子等占地较小的运动；在中心广场中，有居民跳健身操；而健步走的人群，则通过园内道路进行环状路线健步走。

(2) 访谈法成果整理。以玉门河公园内的健身居民为访谈对象，共访谈 11 名老年人、11 名中年人、6 名青年人，其中男女各 14 人。在访谈过程中，问题从简单到复杂，以聊天的方式进行。首先，询问受访者来健身的频率以及健身的时段。其次，了解受访者对健身地点是否满意，并进一步获得改进建议，包括对环境的意见和对健身设施的意见两方面，掌握健身居民对居住区公园健身空间适用性和舒适度的看法。最后，了解受访者在到达健身地点的过程中是否有所不便，以此来了解居住区公园健身空间在步行可达性方面存在的不足。本次访谈的人群中以中老年人居多，青年人较少。

根据对玉门河公园各类健身活动的人群年龄构成的调研可以发现，绝大部分健身活动的人群主体为中老年人，仅健步走与篮球运动青年人占到一定比例。根据访谈的结果，有 82% 的人每日都坚持在城市公共健身空间中锻炼，有 11% 的人仅偶尔进行锻炼，7% 的人经常（一周四次以上）锻炼。可见，坚持在城市公共健身空间中健身的群众仍占绝大部分，更证明了完善城市公共健身空间质量势在必行。此外，有 45% 的人在晚上进行锻炼，早晨和下午分别有 31% 和 24% 的人活动。可见，无论哪个时段，城市公共健身空间都是居民愿意停留的空间，只不过晨间、晚间是以健身活动为主，而下午是以休闲交往活动为主。在访谈过程中，健身居民对城市公共健身空间提出了意见，对于玉门河公园来说，首先应增加座椅，其次应增加健身设施和避雨设施。健身居民对城市公共健身空间和设施的意见种类构成复杂，经整合后可设计出调查问卷的相关选项。

根据观察法和访谈法的成果，进一步确定下一步发放调查问卷的时段和范围。并根据访谈过程中，健身群众所关心的问题和提出的建议确定调查问卷的问题选项。根据观察和访谈的结果，下午 6：30 健身居民逐渐增多，晚上 8：00 健身居民逐渐散去，因此在下午 6：30～8：00 时间段发放和回收的问卷最有效，在其他时段有休闲交往活动，如打牌、散步并不算健身活动，因此没有对此部分人群进行访谈。在晨间和晚间均有访谈结果，同时在访谈过程中，在工作日和休息日均有访谈对象，并注意观察休息日的人群活动模式与工作日的不同，休息日的儿童增多，多由家长陪伴在居住区公园健身空间玩耍。在访谈过程中，也注意涵盖各年龄层、各类健身活动，以及男女比例的控制。

3. 调查问卷设置

调查问卷为节约居民的填写时间，在短时间内获得最有效的答卷，以选择题为主，填空题为辅，必要时对部分问题进行访谈。问卷共有 12 个问题，均为选择题。问卷问题分为四部分：

（1）第一部分为健身活动的基本情况，如到达健身地点所需时间、喜爱的运动、健身时段、健身频率等；

（2）第二部分为对健身地点的意见，包括对环境设施的建议、对健身设施的建议等；

（3）第三部分为对到达健身地点过程中通畅性和便捷性的了解；

（4）第四部分为对冬季群众喜欢的运动和健身地点意见的调查，包括对冬季健身空间的意见、喜爱的冬季运动等。

以上几部分，从不同角度了解健身群众对居住区公园健身空间质量的满意度，并能够通过对回收问卷的统计，获得进一步的发展策略。根据调查问卷的发放，从市民到达居住区公园健身空间中健身地点的便捷性、居住区公园健身空间中的设施吸引力、居住区公园健身空间的冬季适应性三个方面了解健身居民对居住区公园健身的需求，从而有针对性地提出发展策略。

6.1.4　玉门河公园健身空间调研现状及分析

目前，玉门河公园健身空间构成种类复杂，但为市民提供的健身场地以硬质铺装广场为主，这点在居民喜爱的前五项运动中，广场舞和健身设施分别为第 1 位和第 3

位也有所体现。根据调研结果，目前居住区公园健身空间的质量无法满足市民的需求，缺乏面向群众的吸引力。

1. 城市公共健身空间现状

根据《2014 年 6～69 岁人群体育健身活动和体质状况抽测调查结果》，居住区周边 1000 米内，应设有健身场所，但南岗区居住用地占总面积的 31%，而健身空间的面积仅占玉门河公园面积的 2%，同样为市民休闲、交往建设的城市广场、河沿空间占玉门河公园面积的 0.4%，数据表明玉门河公园健身设施相对匮乏。玉门河公园中五类城市公共健身空间中的健身设施和环境设施质量有所不同，但总体来说居住区公园中的健身设施和环境设施质量较其他地方的公共健身空间更为优越，环境设施和健身设施按照建筑和空间功能进行设置。

(1) 公共绿地。本章中公共绿地属于公园绿地。根据《城市用地分类与规划建设用地标准》(GB 50137—2011) 中的相关规定，"绿地" 大类是指公园绿地、防护绿地等开放空间用地，不包括居住区、单位内部配建的绿地。其下的子分类 "公园绿地"，功能以日常交往、游憩为主，并面向公众开放，同时能够美化居住区环境。

玉门河公园公共绿地共有五处，通过实地调研，公共绿地空间的特征还有以下三点，首先，作为居住区公园或绿地，占地面积较大，空间环境质量具有较大的提升潜力，具有提供多样化健身场地的条件，同时能够容纳较多的健身市民；其次，绿化率较高，树木、草坪等绿化景观比其他四类居住区健身空间更丰富多样，能够为健身市民提供目前最宜人的健身环境；最后，公园中均不同程度地拥有休闲运动设施，其中以儿童公园中的最为丰富，包括简易乒乓球台、儿童和成人的健身器械。其他公共绿地中也不同程度地拥有健身器械和简易球类运动场地。目前，玉门河公园的公共绿地，均对市民免费开放。由于公共绿地中的健身活动更多样，其中健身人群的年龄结构也比其他城市公共健身空间更为丰富。

(2) 中心广场。根据《城市用地分类与规划建设用地标准》(GB 50137—2011) 中的相关规定，广场用地是指，以硬质铺装为主的城市公共活动场地。《城市道路工程设计规范 (2016 年版)》(CJJ 37—2012) 对中心广场给出了更详细的定义和分类。中心广场根据其使用性质以及功能的关系，可分为公共活动广场、集散广场等，并兼具多种功能。

而本章中用于健身的中心广场属于公共活动广场，能为居民提供公共活动场地，满足广场用地的定义，但是尚不能提供宜人的健身空间。中心广场的特征有以下三点：第一，面积比公共绿地小；第二，中心广场中有少量景观绿化，缺少卫厕、休憩座椅等环境设施；第三，景观环境不如公共绿地中的丰富宜人。

其中的健身人群利用硬质铺装广场开展广场舞、健身操等活动，健身人群以中老年人为主，人群年龄结构比公共绿地单一。在休息日，城市广场中青少年及儿童增多，由父母陪伴进行轮滑、滑板、自行车等活动。

（3）河沿空间。玉门河本应为居住区空间提供优良的生态景观条件，但之前玉门河内河长期被用作城市排污渠道，冬季河沿空间枯草丛生，春季冰雪融化之时，河道中充斥着苔藓、淤泥、垃圾，河水也因此发出阵阵恶臭。在 2015 年，玉门河经过大规模的河道改造后，河水质量以及沿岸设施已有显著提高，玉门河发挥了优良的景观生态效益。玉门河沿岸在改造后，沿河设有健身步道可供健步走居民运动，但其中仍缺少健身空间以及其他健身设施，沿河设有休憩平台，但休憩设施仍有所不足，以致居民利用台阶休憩。并且改造后设有光美化设施，提升了玉门河沿岸的环境设施质量。同时，玉门河沿岸除了在水体与居住区之间形成景观绿化带之外，将健身器械等健身设施与景观绿化带结合布置，形成小面积的城市公共健身空间。

2. 玉门河公园健身空间现状分析

根据部分调查问卷的回收统计结果，玉门河公园夏季前五项最受大众欢迎的健身活动为广场舞、健身器械、羽毛球场、健身操、跑步。冬季最受大众喜爱的健身活动为健步走、健身操、广场舞、球类运动、滑冰。从健身活动可以看出，健步走、健身操、广场舞是冬夏最受欢迎的运动，这三种健身运动不需要器械或场地辅助，仅需要硬质铺装广场，也从侧面反映了目前居住区公园健身空间中健身设施种类较单一，以健身器械为主，但数量有限，所以多数健身市民利用硬质铺装广场进行健身运动。

目前，居民有健身需求却缺少宜人的户外健身空间和健身设施。因此，本章的研究力求改善玉门河公园公共健身空间，利用现有城市公共健身空间设计出使居民在四季均能便捷地到达、使用的城市公共健身空间和健身设施。

6.1.5 玉门河公园居住区健身空间影响因素提取

根据扎根理论提取城市公共健身空间影响因素分为三个步骤，首先，是实际观察，即前期观察法与访谈法；其次，是经验概括，即通过研究大量文献的基础上，结合实际访谈，设置调查问卷；最后，根据调查问卷结果，提取出影响因素。由前文可知，调查问卷问题设置分为四个部分，即健身活动基本情况、对居住区公园健身空间的意见、到达居住区公园健身空间的便捷性、居住区公园健身空间的冬季适应性，分别用于了解设施的吸引力、居住区公园健身空间的步行可达性、冬季适应性。根据实际调研过程中健身群众反映的最受关注的问题，并提取出相关影响因素。简而言之，即通过健身群众在选择健身地点的时候最受关注的几个因素，提取出影响研究居住区公园健身空间的因素。通过条形图可以看出，首先，最受健身群众关注的因素为与住所的距离；其次，为健身设施与环境设施质量；再次，冬季气候对群众选择健身地点的因素比夏季多出两项，可见严酷的冬季气候对健身群众对居住区公园健身空间和健身设施的选择有较大影响。

由以上三个因素能够提取出相应的影响因素。由居住区公园健身空间与住所的距离可确定服务范围作为影响因素之一；由健身设施与环境设施质量对健身群众选择居住区公园健身空间的影响，可确定设施状况作为影响因素之一；由冬季严酷的气候对居住区公园健身空间的影响，可确定冬季影响因素。此外，由居住区公园健身空间与住所距离为健身群众选择健身地点的首要影响因素，可延伸出通向居住区公园健身空间的步行系统作为影响因素。由土地使用性质对居住区公园健身空间中的设施产生影响，可确定土地使用状况为影响因素之一。最终，除了实地调研之外，还应以居住区公园规划的眼光看待居住区公园健身空间的分布，结合服务范围以及分布特点，提出空间分布发展策略。

因此，根据实际调研，结合调查问卷数据结果，最终确定服务范围、设施状况、土地使用、道路交通系统、冬季气候五项影响因素。

本节为基础研究部分，首先，介绍了冬季气候特征以及玉门河公园绿地系统建设。其次，通过前期访谈和观察，策划了之后的实地调研，并进一步设计了调查问卷。最后，为玉门河公园五类健身空间概况介绍，均为根据实地调研总结而得，作为之后的影响因素的研究基础。并根据五类居住区公园健身空间的现状说明完善玉门河居住区公园健身空间的必要性和研究意义。

6.2 太原市玉门河公园健身空间和健身设施影响因素分析

6.2.1 玉门河公园健身空间和设施影响因素概述

1. 服务范围

居住区公园健身空间的服务范围，即服务半径和服务边界。这是评价步行可达性的方法中最为常用和传统的方式，通过确定服务面积以及服务百分比来说明步行可达性的优劣。本因素在其他因素条件一致的情况下，探讨在一定时间内能够步行到达城市公共健身空间的范围，通过服务范围计算出服务率，通过服务率说明玉门河公园健身空间是否足够。

2. 设施状况

居住区公园健身空间的设施状况反映了居住区公园健身空间对健身居民的吸引力，即健身居民在居住区公园健身空间中停留的意愿。影响健身居民选择作为健身的居住区公园健身空间的有多重因素，城市公共健身空间中的健身设施和环境设施质量、种类、数量有较大影响。此影响因素是健身居民对城市公共健身空间的主观评价，也反映了健身市民真实的需求。

3. 步行系统

步行系统对步行可达性的影响是最直接的,在到达居住区公园健身空间的过程中不可避免地要通过各类道路,包括各步行过道系统。不同的道路以及不同状况的步行过道系统对步行可达性均有直接影响,如不同的道路有不同的宽度,能够容纳不同数量的车辆、噪声、扬尘、尺度等因素也对其周边的居住区公园健身空间有所影响。

4. 冬季气候

冬季气候影响因素是居住区公园健身空间特有的影响因素,也是最容易被忽视的。冬季居住区公园健身空间在设计过程中,往往照搬南方的城市公共健身空间设计,这也导致在冬季寒冷的气候下,居住区公园健身空间出现诸多设计缺陷,如地面不防滑、植被景观凋零、座椅材料不当等缺陷,使居住区公园健身空间在冬季使用效率下降,空间活力和吸引力降低。因此,应考虑冬季气候对居住区公园健身空间的影响,以提高居住区公园健身空间在冬季的活力和使用率。

6.2.2 玉门河公园健身空间和健身设施的服务范围

玉门河公园健身空间的服务范围,采用确定合理服务半径和边界的方法来确定。服务半径是用于周边 12 处组团住宅建设区服务范围,综合考虑了玉门河公园健身空间的面积以及其中设施的质量后确定的。

《关于加快发展体育产业促进体育消费的若干意见》指出,目前主要任务是丰富供给,具体意见是在城市社区建设 15 分钟健身圈,新建社区的体育设施覆盖率达到100%。根据国外相关研究,人的平均步行速度为 3.7 千米/小时,推算出 15 分钟步行可达的适宜健身范围在 1000 米半径以内。本章设计出适合太原市万柏林区玉门河公园健身空间步行服务半径。玉门河公园健身空间的服务率直观地反映了其步行可达性,从服务率可以看出健身空间数量能满足健身需求,从服务范围分布可以看出玉门河公园健身空间的分布现状。

玉门河公园空间服务范围在改造前呈点状分布,由于面积不同造成服务范围的大小存在差距。缺少带状的居住区公园健身空间和带状的服务范围。这就导致居民在进行健身活动时无法进行长距离的健身活动,如健步走,只能在一定范围内以环状路线行进。玉门河河沿空间改造后,为居民提供了带状公共健身空间,为如健步走之类的健身活动提供更宜人的居住区公园健身空间。同时,多样化的居住区公园健身空间使居民能够进行更多样的健身活动。

以上现状表明,玉门河公园健身空间总量不足,其中宜人的健身空间,包括公共绿地、中心广场、河沿空间服务率更低。并且居住区公园健身空间总体分布不均衡。总体来说,玉门河公园健身空间亟待完善。

6.2.3　玉门河公园健身空间中的设施状况

玉门河公园健身空间中设施状况的优劣直接影响了健身居民到达和停留的意愿，反映了居住区公园健身空间设施的质量。本章通过发放调查问卷和数据统计，得知健身居民的意愿和对玉门河公园健身空间的意见。玉门河公园中的设施分为两类：健身设施和环境设施。健身设施为能够辅助居民健身的器械或场地，又可进一步分为标准体育设施和休闲运动设施。标准体育设施是指满足规范要求的标准体育场地（包括标准田径运动场、标准篮球场、网球场等标准体育场地）或器械；休闲运动设施为健身器械、简易乒乓球台等不满足国家规范要求，但能够为市民提供休闲运动的器械或场地。环境设施包括硬质铺装广场、路灯、休憩座椅、景观绿化等营造舒适宜人的健身环境的相关设施，其中硬质铺装广场也被市民用于开展广场舞、健身操等运动，健身人群结构以中老年人为主。

1. 玉门河公园的健身设施

居住区公园健身设施的质量和种类决定了居民健身的质量和健身运动的种类，在一定程度上决定了公共健身空间的活力。玉门河公园的健身设施较为丰富，但普遍存在设施老旧、破损无人修补维护的现象。

玉门河公园的健身空间以健身设施最为丰富，包括简易乒乓球台、健身器械、羽毛球场、儿童娱乐设施等，但具有健身器械的城市公共健身空间仅有 10%，健身设施利用率达到 28.8%。

2. 居住区公园健身空间中的环境设施

环境设施中包括景观绿化等美化空间环境的设施，也包括休憩座椅、无障碍设施等服务性质的设施。虽然环境设施不能直接为健身市民所使用，但是能够提高健身空间质量，包括健身便捷性和舒适度，同时能够为多种人群服务，例如，在居住区公园健身空间中休闲、散步、交往的人群。公园健身空间中的环境设施状况各不相同。

环境设施是公共健身空间中最优越的，拥有相对丰富的景观绿化和休憩、卫厕等设施。环境设施是居民选择健身场地的重要因素，面积较大的公共绿地市民停留时间相对较长，也相应产生了对环境设施更高的需求。因此，环境设施的数量规定与公共绿地的规模成正比，同时为保证环境设施分布合理，也应确定合理服务半径。根据《公园设计规范》（GB 51192—2016）中的规定，休憩设施的数量为 20 个/公顷，相当于每个休憩座椅有 16 平方米的服务半径。至于卫厕设施，则要求"面积大于 10 公顷的公园应按游人容量的 2% 设置，小于 10 公顷者按游人容量的 1.5% 设置。

中心广场的环境设施仅次于公共绿地，景观绿化不如公共绿地丰富；具有少量休憩设施、硬质铺装场地，可为市民提供日常休闲交往的空间；其他环境设施存在的问题与公共绿地相同。河沿空间经过改造，水质和河沿空间环境都有所提升；调研中也可见市民沿河健步走，无障碍坡道也有所完善，但缺少休憩设施，有市民利用台阶休息；河沟仍需治理，如河水气味难闻等问题降低了健身舒适度；并且河沿空间没有服务设施，健身空间尚需完善。

总体上，玉门河公园健身设施和环境设施优于其他健身空间，但仍存在不满足规范和缺失人性化设计等缺陷。因此，健身空间中的健身设施和环境设施质量仍有较大提升空间。居住区公园健身空间中的设施质量直接影响居住区公园健身空间对健身人群的吸引力。因此，应提高居住区公园健身空间中的设施质量，使居住区公园健身空间在未来能够为健身人群提供更舒适宜人的健身环境，以提高居住区公园健身空间的自身吸引力。

3. 居住用地对居住区公园健身空间的影响

除了城市绿地外，居住用地对居住区公园健身空间的空间分布也有直接影响，理论上说，居住用地越密集之处，人口密度越高，健身需求越高。在各类居住区公园健身空间中，利用建筑附属公共空间进行健身的行为最能反映出居民面对健身地点不足的问题产生的相应策略。因此，通过观察上述公共健身空间，尤其是被健身利用的建筑附属公共空间的布局与居住区的关系，能够直观地说明居住区对居住区公园健身空间分布的影响。

太原市玉门河公园周边的居住区构成复杂，建设年代不一，导致不同区域存在不同的健身空间不足的原因。由于居住区密集处产生了建筑附属公共空间供市民健身，主要是提供零散硬质铺装场地为市民进行广场舞等运动，嘈杂的音乐声会对周边居民的晚间生活产生不利影响，易造成健身居民与其他居民的冲突，不利于健身活动和谐开展。归根结底，是由于居住区公园健身空间不足，而居民的健身热情极高。为解决这种矛盾，需要增加居住区公园健身空间和设施的数量及质量，并均衡分布。

4. 居住区公园健身空间自身用地性质的影响

从居住区公园健身空间自身用地性质来看，公共绿地数量不足，健身居民利用其他类型的用地进行健身是普遍现象。居住区密集的区域会产生较多的利用建筑附属公共空间健身的现象，以弥补周边居住区公园绿地和健身广场不足的现状。并且，居住区公园绿地对周边的城市公共健身空间产生一定的辐射带动作用。通过对居住区公园健身空间自身和周边的用地性质研究，得出了居住区公园健身空间的布局规律，为日后的景观规划和健身设施设计提供了依据和支持。

6.2.4 通达玉门河公园健身空间的步行系统

完善的步行系统的建设对提高居住区公园健身空间步行可达性具有直接作用，能够提高市民到达居住区公园健身空间的便捷度，直接影响居住区公园健身空间步行可达性。目前健身人群以中老年人为主，因此为保证中老年人能够方便、安全地到达居住区公园健身空间，完善的步行系统必不可少。同时，完善的步行系统能够吸引更多种类的人群到达居住区公园健身空间，以提高健身空间的步行可达性。

本节通过实地调研，总结了太原市玉门河公园健身空间存在的问题：

（1）目前居住区公园健身空间和健身设施数量不足且空间分布不均。

（2）居住区公园健身空间属性单一，健身设施种类有限，除了体育运动区外，其他公共健身空间缺少标准体育设施，并且健身设施以普通、没有特色的健身器械为主。环境设施作为群众选择健身地点的重要因素，存在不满足相关规范以及缺少管理维护的问题。

（3）通过调研发现，作为理想的健身空间的公共绿地、中心广场、河沿空间数量不足，难以带动其他类型的健身空间，同时居住区公园健身空间用地性质复杂，缺少统筹规划。

（4）通向居住区公园健身空间的步行系统不完善，支路管理混乱，阻碍步行到达居住区公园健身空间的便捷性和安全性。

（5）冬季寒冷的气候降低了居住区公园健身空间和健身设施的活力，直接影响健身居民在居住区公园健身空间停留、健身的意愿。

6.3　太原市玉门河公园健身空间和健身设施发展策略及启示

根据前面章节分析的内容，针对玉门河公园健身空间存在的不足和问题，我们提出相应的发展策略。希望通过发展策略提升居住区公园中健身空间和健身设施的人居相适度，也希望通过发展策略为政府相关部门下一步规划和建设居住区公园健身空间提供意见和调研数据。如能统筹规划居住区公园健身空间，并提高居住区公园和健身设施的创新性和环境设施的质量，则居住区公园健身空间的服务率能够达到48.3%。

6.3.1　合理规划居住区公园公共健身空间和健身设施

目前的城市规划缺少对居住区公园健身系统的总体规划，不利于居住区公园健身品质的提升和健身空间的发展。因此，应统筹规划居住区健身空间，包括合理布局和增加居住区公园健身设施数量、提升创新设计两方面，以此提高居住区公园健身空间步行可达性。

6.3.2　提高玉门河公园健身空间中健身设施的质量

目前玉门河公园健身空间存在许多不足，如健身设施种类单一，不能满足多年龄层次对健身的不同需求；环境设施缺乏管理维护和相应的人性化设计，并存在不符合规范的现象。这些不足造成了居住区健身空间对健身市民的吸引力下降。因此，从提升居住区健身空间设施吸引力的角度出发，根据健身居民对居住区公园健身空间的意见，完善健身设施和环境设施。

根据调研现状，目前居住区公园健身空间内健身设施种类以健身器械为主，仅儿童公园内有简易乒乓球台供市民日常健身使用。目前，在居住区公园健身空间中进行健身活动的多数人群为中老年人，利用硬质铺装广场进行广场舞、健身操等活动。有部分公园广场有儿童在其中进行轮滑、滑板等活动。因此，为丰富和增加健身器械，51.90％的公园广场建设健身步道，53.70％的公园广场增加球类场地，39.80％的公园广场美化景观绿化，56.50％的公园广场治理河流，11.10％的公园广场完善卫厕、座椅、路灯等设施，51.90％的公园广场进行其他建设，2.80％的公园广场增加健身设施种类。我们对城市公共健身空间提出以下两点改进设计建议：

（1）选择中心广场，在其中配建多样化的健身设施，除了常见的健身器械之外，还应增加健身环状步道、简易乒乓球台、篮球架等。如有条件，建议增加滑板、自行车以及轮滑场地，增加对青少年的吸引力。另外，应增加标准体育设施，如网球场地、篮球场地、小型足球场地等，供球类运动爱好者以及青少年运动健身。若场地面积规模有限，同时实现以上所有场地类型有一定难度，可根据周边居住区人群年龄构成，进行针对性的设计建设。

（2）应针对不同年龄健身人群在城市公共健身空间增设专门的健身场地及健身设施，并且为不同人群服务的健身场地之间应有所交流。如儿童公园中，在为成年人设计的健身器械旁边，有可供儿童娱乐活动的沙坑、滑梯等设施，使成人在健身的同时也能够与子女同乐，增加了健身的乐趣。但目前没有发现具备类似条件的设施组合，可见针对不同年龄人群的健身设施组合并没有得到应有的重视。因此，建议在成人健身设施旁，加设为儿童使用的秋千、滑梯，为青少年使用的滑板、轮滑场地等，以实现与子女同乐，增加城市公共健身空间对多年龄层人群的吸引力。另外，老年人由于行动受限，适合舒缓的运动，如门球场地、太极拳广场场地等，并且其运动区域应与青少年进行的较为激烈的运动区域分别设置，以避免互相干扰。

6.3.3　增加居住区公园健身空间中健身设施的数量

根据环境空间的功能决定健身设施的数量，面积相对较大的公共绿地和广场也不是每一处均具有健身设施。为了增加居住区公园健身空间内部的健身设施数量，除了前面章节提到的在增加居住区公园健身空间中健身设施种类的同时增加健身设施数量，也应在面积较大和周边居住区密集的居住区公园健身空间中增加健身设施数量。居住人群密集，每晚有数百人在其中跳广场舞，然而健身设施的种类单一且数量不足。由此可见，在增加居住区公园健身空间中健身设施种类满足不同人群健身需求的同时，也应增加健身设施数量，满足健身高峰时段人们的健身需求。

6.3.4 增加居住区公园健身空间出入口的无障碍设施

根据相关规范的规定，首先，居住区公园中心广场的道路和设施，应尽量避免台阶、高差的产生，建议以坡道连接不同高差，并合理铺设盲道，满足各种不同人群的行为需求。其次，公园和广场的出入口，为防止机动车入内，在入口处多数设置了桩或栏杆，但是在防范机动车的同时也将使用轮椅出行的人隔离在外。根据规范规定，能容纳一辆轮椅通过的道路净宽度不应小于 1.20 米；如果同时通过一辆轮椅和一位护理人员，则道路的净宽度不应小于 1.50 米；如果需要同时通过两辆轮椅，则道路净宽度不应小于 1.80 米。因此，建议在居住区公园健身空间的出入口，保证不小于 1.5 米净宽的出入口，使轮椅通过的同时也便于其他行人通行而不至产生拥堵，并在出入口两侧预留出半径为 1.5 米的轮椅转弯空间以方便残疾人士通行。再次，出入口处也应注意免除高差，如存在台阶，则也应同时设置坡道连接高差，不仅方便残疾人士通行，也为膝关节或腿部有病痛的中老年人提供了便利。希望通过增加无障碍设施的措施，能够为不同健身人群提供便利易达的居住区公园健身空间，提高步行可达性。

1. 增加城市公共健身空间中的绿地率

根据调查问卷的统计结果，在居住区公园健身空间中，54.6％的健身人群选择健身地点的首要因素是景观绿化条件，在对提高居住区公园健身空间环境的建议中，56.5％的人选择了美化景观绿化。可见，环境设施对健身市民的吸引力不容忽视。首先，对绿地率较高的公共绿地和河沿空间，建议绿地景观结合健身空间设计，而不是使绿地独立于健身空间之外，并且应注意植物配置，既有高大树木能够在夏季为健身市民遮阴，又有低矮灌木供市民休闲欣赏，尽量保证四季常绿，风景各异，提高健身空间的舒适度。其次，城市广场为健身市民提供的主要为健身器械和硬质铺装广场，在保证广场面积满足市民健身要求的情况下，应适当增加景观绿地面积，如沿城市广场边缘栽植行道树，在广场中用低矮灌木将大面积广场分割成多个小广场，使更多的健身人群能够在广场中休闲健身。

根据调查，其他服务设施如路灯、休憩座椅、卫厕，均不同程度地存在不符合规范以及建设后缺乏管理维护的现象。对此，我们提出以下几点设计建议。

首先，路灯在晚间健身高峰时段的作用是不可忽视的，尤其在冬季的健身高峰，采光完全依赖居住区公园健身空间中的路灯。晚间调研发现，仅在路灯照射范围内的硬质铺装广场聚集着跳交谊舞的人群，其他广场周边没有路灯，或路灯损坏以致无法照明。因此，在建设居住区公园健身空间的过程中，不能仅考虑日间活动，69.4％的市民是在晚间进行健身活动，完善健身设施、硬质铺装广场周边的晚间路灯照明设施能够提高环境利用率。其他类型的城市公共健身空间，也应结合开展健身活动的地点设置路灯，在保证晚间健身高峰时段采光充足的同时，避免使用过于刺眼的光源，力求打造舒适宜人的健身空间。

其次，根据《公园设计规范》（GB 51192—2016）中对于休憩座椅的规定，即 1 公顷范围内有至少 20 个座椅。而目前公共绿地中，均不满足这条规定。对于公共绿地和河沿空间，建议设计多种形式的休憩设施，如广场、绿地周边的休憩座椅、休憩凉亭等，能够为健身居民提供多样化的休憩空间。目前，城市广场中缺少休憩设施，使用者多利用花坛边缘、台阶等设施休息，由于使用面积有限，因此建议休憩设施与景观结合设计，如在花坛边缘修葺木质椅面等措施，提供给使用者更多休憩设施。在建筑附属公共空间中，由于多为附属广场，是企事业单位的门面，要在其中设置大片景观及休憩设施不可行，因此建议在附属公共空间四周设置少量休憩座椅，使健身居民能在晚间健身高峰时段，轮流休憩。

最后，根据《公园设计规范》（GB 51192—2016）中的规定，卫厕设施服务半径为 250 米，在城市公共健身空间中，公共绿地、河沿空间和城市广场有条件的地方设置卫厕设施。为提高居住区公园健身空间环境设施质量和吸引力，增加健身市民在居住区公园健身空间中停留的时间，需要合理设置卫厕。因此，建议公共绿地、河沿空间以及面积较大的中心广场按照 250 米的服务半径设置卫厕，并设置无障碍卫生间，方便老年人及残疾人使用。

2. 建设通达玉门河公园健身空间的步行系统

目前由于步行系统不完善，导致市民在到达居住区公园健身空间的过程中存在许多问题，如需要横穿马路、路边停车导致道路狭窄难行、健身步道系统不完善等问题。因此，需要通过完善人行过道系统，完善健身步道系统，在通向城市公共健身空间的道路上实现人车分流、加强管理，建设方便安全的通向居住区公园健身空间的步行系统，以提高步行可达性。

6.3.5 加强健身空间的冬季适应性

为提高居住区公园健身空间的冬季适应性，应针对当地气候特点，提高冬季健身空间的舒适度，使更多居民自愿到达居住区公园进行健身活动。由于冬季寒冷的气候，市民室外健身活动减少，室内健身环境或可以在一定程度上提供健身空间，满足市民健身需求，但始终无法代替健身市民对自然环境的向往。

居住区公园健身空间的冬季适应性设计决定了健身市民能否在冬季享受户外健身的乐趣。通过针对性的冬季适应设计策略，希望能够加强健身市民在居住区公园健身空间停留的意愿，增加健身市民在城市公共健身空间健身的时间，提升城市公共健身空间中健身环境的冬季舒适度。

1. 强调场地冬夏兼顾的适寒化设计

居住区公园健身空间的适寒化设计能够使健身市民在冬季享受更舒适的健身空间，

提高居住区公园健身空间设施的吸引力。设计过程中要充分考虑地域生态条件和气候特点，减少居住区公园健身空间在冬季和夏季利用率方面的差异，增强居住区公园健身空间冬季活力。目前，太原市玉门河公园的居住区公园健身空间没有体现出冬季健身环境与设施的特色，导致冬季居住区公园健身空间中健身市民减少。

（1）在居住区公园健身空间选址规划方面，应选择冬季阳光充足，避免建筑阴影的区域建设。问卷调研结果显示，54.6％的市民会考虑选择阳光充足的地点，阳光充足是仅次于场地无积雪的因素。在寒冷的冬季，健身市民倾向选择在日照范围内进行休憩、健身等运动，因此居住区公园健身空间在选址时应避免选择在密集的高层住宅区之间，保证每日日照时数，提高冬季户外居住区公园健身空间的热舒适度，并且建议通过条例规定保证冬日居住区公园健身空间的日照时数，以此来保证居住区公园健身空间阳光充足。

（2）在居住区公园健身空间设计中应采取防滑设计。在无障碍坡道处加入防滑条，在冬季冰雪天气下使腿脚不便的中老年人及残疾人士能够顺利通行，并且在居住区公园健身空间中，硬质铺装广场的地面材质应采用防滑地砖，在雨雪天气地面有少量雨水、积雪的情况下，也能够进行健身活动。

（3）调查问卷数据中百分比最高的（55.6％），也是健身市民最在意的，是居住区公园健身空间中积雪是否清扫干净。冬季降雪后，若场地内积雪未及时清理，会导致地面湿滑，由于健身人群以中老年人为主，积雪会增加失足滑倒的概率。因此，建议将居住区公园健身空间纳入城市日常清扫范围，及时清除居住区公园健身空间内部以及所连接支路地面上的积雪，方便老年人以及残疾人士通行。

2. 强调环境设施的冬夏兼顾设计

在居住区公园健身空间环境设施建设方面，应考虑冬夏兼顾，提高设施在冬季的利用率以及场地活力。太原市四季分明，冬季较为寒冷，普通的户外健身空间中的环境设施使冬季环境单调枯燥且难以长时间停留。根据调研数据显示，最受健身市民关注的是户外临时避风亭的建设，关注度为72％。

冬季低温对户外健身活动提出了挑战，尤其在健身休息间隙，静止的姿态难以抵御户外的气温，此时临时避风亭便能充分发挥其作用，为户外健身的居民提供一个避风、休憩的空间。这种空间的缓冲，能够提高健身居民在户外停留的时间，同时也提供了冬季户外休闲交往的空间，借此提高居住区公园健身空间在冬季的空间活力。

冬季寒冷的气候导致居住区公园健身空间中植物枯萎、花草凋谢，往日的景观不复存在，因此需要其他手段增加居住区公园健身空间中的景观，美化空间。若能根据发展策略改善玉门河公园健身空间及健身设施，则可将服务率提升至48.3％，其中设施质量也会更适合健身市民使用，并同时提升居住区公园健身空间的冬季适应性。

6.3.6 有效利用居住区公园健身空间设计启示

1. 最大程度开放居住区公园健身空间

中国每平方千米平均人口密度为 143 人，约是世界人口密度的 3.3 倍。极高的人口密度导致城市资源紧张，需要合理高效利用以满足市民的不同需求。因此，不应仅靠有限的公共绿地，应充分利用各类居住区公园健身空间，进行综合利用以满足居民健身需求。

建议通过政策鼓励等措施，在各类社会活动互不干扰的情况下实现城市公共健身空间的综合利用。在城市公共健身空间，尤其是建筑附属公共空间，可结合实际情况适当布置健身设施，并提高环境设施质量。同时，应鼓励大学校园体育运动区在不影响教学和学习的前提下对健身市民开放，实现城市资源的高效利用，弥补城市公共健身空间数量不足和分布不均的问题。

2. 提高居住区公园健身空间中设施的质量与数量

城市公共健身空间中的健身设施和环境设施的质量与数量，直接决定了城市公共健身空间的设施吸引力。首先，城市公共健身空间中的健身设施和环境设施的数量应与城市公共健身空间的面积成正比，保证其能够高效实用地为服务范围内的健身市民服务。其次，城市公共健身空间中的健身设施和环境设施应为不同人群量身打造，如为老年人准备的健身场地、为儿童准备的娱乐场地、为成年人准备的标准体育设施等。避免因健身活动不同而出现争夺场地的现象，同时避免各类健身活动之间的相互干扰。再次，在增加数量的同时丰富健身设施的种类。尤其应该丰富城市公共健身空间中的标准体育设施种类，如提供休闲羽毛球场地、简易乒乓球台等设施供健身市民使用。丰富健身设施的种类能够使更多类型的健身人群参与健身活动，提高城市公共健身空间活力。最后，应保证环境设施满足国家及地方相关规范，打造宜人的健身空间。目前没有关于城市公共健身空间设计的规范，但根据健身市民喜爱在城市公园中健身的现象，可以参考公园设计的相关规范，打造适合健身的城市公园。例如，合理布置休憩座椅、路灯、卫厕等服务设施，以及合理配置植物，使景观随四季变换，提升城市公共健身空间的舒适度。

3. 建设通向居住区公园健身空间的步行系统

寒地城市中的交通状况不能从一而论，但在日后设计改建过程中，应考虑通向城市公共健身空间的道路设计，尤其是从居住区通向城市公共健身空间的路径设计。首先，应尽力实现人车分流，为健身市民提供安全放松的空间环境。同时，方便中老年人、儿童以及残疾人通行。其次，如果不可避免地需要穿越车行路，则需要设计完善的人行过街系统，如延长人行绿灯的时间，或者建设过街步行天桥等措施。通过为健身市民提供便捷的通向城市公共健身空间的路径，以便捷性的手段提升健身市民前往城市公共健身空间的积极性，进而提高步行可达性。

4. 提升城市公共健身空间的季节适应性

寒地城市冬季气候严酷，不适合在户外进行健身活动。因此，为提升城市公共健身空间活力，应提升城市公共健身空间的设施吸引力和冬季适应性，以保证冬季严酷气候条件下城市公共健身空间的适应性。

冬季城市公共健身空间的设计应设置有场地转换功能，利用部分广场或湖面、河道建设冰场，丰富冬季冰上特色运动。同时，丰富城市公共健身空间中的冰雪景观，打造独特的寒地城市冬季景观。通过以上两种措施提高城市公共健身空间吸引力。并且，为使健身市民冬季在城市公共健身空间中能够长时间停留，需设避风、休憩设施，如休息室等，供健身市民在健身间歇休憩、交往。

本章通过调研现状确定了太原市万柏林区玉门河公园居住区公园多种类型的健身空间，探讨了影响居住区公园健身空间质量的因素，并提出了相应的发展策略。得出了如下结论：

（1）采用实地调研法、问卷调研法，整理城市公共健身空间使用情况。通过实地调研，能够真实地体验城市公共健身空间中的健身情况，真实地了解健身市民对城市健身空间的意见，能够更准确地分析城市公共健身空间的适用性。各个城市、区域由于地理位置的不同、周边环境和用地的不同，其中的城市公共健身空间使用情况也有所不同，存在不同的问题。只有实地调研才能够获得真实可靠的第一手资料，为本文的研究奠定了坚实的基础。

（2）根据健身空间实际功能和用地性质不同，针对居住区公园健身空间进行不同的区分。根据实地调研，玉门河公园公共健身空间用地构成多样，为方便进一步研究，将健身空间按照使用功能进行分类，得到健身空间的基本情况和真实的健身使用情况。

（3）通过整理调查问卷数据，提出居住区公园健身空间的影响因素。通过实地调研，根据城市公共健身空间普遍存在的问题，总结出影响健身居民选择健身空间的因素，探讨健身空间中存在的问题，为下一步针对性的发展策略指明方向。

（4）提出城市公共健身空间发展策略及冬季居住区公园健身空间的设计启示。结合前文的居住区公园健身空间影响因素，提出相应的发展策略，以提升居住区公园健身空间的适用性，包括步行可达性、设施实用性、冬季适应性三个方面。根据玉门河公园健身空间的发展策略，进一步将发展策略上升到冬季层面，为日后政府的改造提供数据支持与依据。

第7章　居住区景观性健身空间生态修复实践项目

20 世纪 80 年代初期，随着中国经济快速发展，环境设计市场逐步活跃，国内高等艺术院校相继开设环境设计专业。该专业包含的学科相当广泛，从广义上理解是涉及人居环境的系统规划；从狭义上理解是关注人们生活与工作的场所营造。其具有艺术性、设计性、多元性，是一门注重实效的艺术专业。环境设计专业不仅需要学生具有扎实的理论知识，更需要具有创新思维和开拓能力。创新实践教育是目前国家高度重视的教育工作，深化创新教育是一项长期任务，其能够开发创新思维，以创新教育理念带动人才培养质量的全面提升。为加大创新实践教学，山西传媒学院开展了系列创新设计实践项目。其中，艺术设计系针对学生特点积极组织课题申报，基于 2014 年申请到的国家体育总局 2014 年度重点研究领域课题《居住区景观性健身设施探索与研究》，结合教学改革开展了系列研究。课题的研究紧密结合当下社会需要解决的城市居住区公园环境与居民健身问题，科研团队搜集与课题相关的专业理论知识和实际案例，全面开发学生的创新思维，加快培养有创新意识、创新能力的环境设计专业人才，展开了一系列调研、绘制草图、三视图、设计效果图等具体设计实践工作。

7.1　实践项目前期调研

城市居住区公园不仅是市民休息、娱乐、锻炼的场所，还能改善周边生态环境，对城市的微气候有一定影响。目前，国内外对城市居住区公园的研究很多，但是多偏重于传统功能或者空间处理，对环境的景观功能研究相对较少。在对国家体育总局《居住区景观性健身设施探索与研究》课题的抽样调研过程中，该课题抽样选取山西省太原市万柏林区玉门河公园为研究对象，对其景观功能展开调查研究。考虑到调研效果呈现的直观性，在环境设计创新实践项目中，以调研考察绘图为主要内容，配以一定的设计说明。

太原市社区公园数量逐步增加，该课题选择太原市万柏林区玉门河公园，在于其建造时间不长，地理位置在太原市属于西城区，周边居民较多，具有浓厚的太原文化。它不如太原市迎泽区的社区公园文化韵味浓厚，也不像太原市南城区的社区公园那么现代化。玉门河公园坐落于太原市老工业区，是周围居住区的城市绿肺，对净化环境起重要的承载作用。虽然其建设时间不长，但设施更多地属于基础保障型设施，功能分区不够清晰，环境与健身等保障设施只是基础保障，还没有很好地契合并发挥环境融合的良好作用。

课题组经商议，最终选定了此处作为主要调研对象。课题组通过不同季节、不同时间段的考察，发现社区公园承担了很多传统功能，如娱乐、休憩、交流、运动等。在这个老工业区、旧居民区，公园的存在对周边生活的人群很重要，老人在这里跳广场舞、下棋、玩空竹，儿童在这里嬉戏，年轻人在这里谈心、锻炼，城市社区公园为人们创建了户外活动的场所。在项目调研过程中发现，玉门河公园铺装和水池周边平台有专人维护，环境整洁，主要问题是园内多种公共设施没有与环境充分融合，更好地发挥其生态功能，生态与环境美化结合较弱。

7.2　生态功能解决方案

近几年，我国一直致力于城市景观生态建设，社区公园的景观生态建设虽小亦重。通过调研考察发现，居住区公园景观生态功能发挥不充分，植物之间的搭配不协调，层次关系不明显，水池驳岸处理比较生硬等。居住区公园存在的生态问题较多，需要一项项地逐步解决。

7.2.1　边界水沟

调研发现，在玉门河公园由西向东靠近城市道路处，横贯一条长长的下沉式排水沟。此位置的排水沟平日排放入内的污水并不多，大部分时间是裸露的混凝土池底，并不承担城市平日排水功能，初步断定此排水沟主要是解决城市降大雨时的排洪防涝问题。虽然此排水沟完全可以担负城市雨季排水功能，但是，其生态功能没有得到充分体现。池底池岸的构造是硬质混凝土，驳岸处理较为生硬，排水沟除了简单的排水作用，既没有起到生态降温作用，也不具备休闲、娱乐、观赏作用。其两侧的植物、树木密集，主要起到隔离城市噪声和美化作用。

课题组成员针对排水沟展开了探讨研究，发散思维，寻找排水沟生态景观性改造方案。

第一种方案：将排水沟封顶，预留通往排水沟的通水通道。封顶的绿化屋顶平台种植吸声植物，减少易产生积水的植物。绿化屋顶平台不仅可以加强隔离围墙外城市道路噪声，还能对整个居住区公园的生态绿化起到一定作用，减轻城市废气污染，改善城市公园的微气候。

第二种方案：建造生态池底。去除硬质的混凝土池底，采用透气的自然材料，形成可渗透的界面。池底采用生态池底做法，可以在城市强降雨来临时，承载相对多的雨水，雨水向池底的地下滤水层逐步渗透，同时起到一定储存作用。平日水量较少时，生态池底表层选用可观赏材料处理，例如选用卵石能够起到美化作用，为人们创建可以欣赏的生态景观。

第三种方案：改善水沟驳岸处理。硬质混凝土池底和驳岸使得城市水体与地下水中断，许多濒水植物失去栖息、繁殖场所。目前的局部近水底是硬质混凝土，上升到一定标高才是绿地。团队建议将硬质驳岸改善成参差不齐的自然石头驳岸，一方面可以增加生态效果，另一方面使公园景观更加自然。另外，排水沟的边界可以改造成蜿蜒曲折的岸线，更加贴近自然，增加美观度，同时增加池底池壁的生态界面，增加过滤面积，净化水质。

7.2.2 水体

在太原市玉门河公园中心区有一处水塘，用围栏围合，水池池壁用混凝土砌筑。这个水池不具备观赏性、亲近性、生态性、娱乐性，对其进行生态改造十分必要。水体对城市小气候具有一定的调节作用。课题组成员运用软件模拟水体对居住区局部气候的调节作用，发现水体有增湿和调节风速的作用，7.5%面积占有率的水体能很好地改善 $20m^2$ 的区域内气候。水池的池壁和池底可以采用生态构造，逐步向外扩大，由深至浅采用透气材料形成逐层过滤界面，结合排水沟的做法，将水池与排水沟打通；排水沟的雨水可以补给水池，使得水池的水更加丰富，实现多种水生生物共生与繁殖；水中植物繁殖栖息能够净化水体，为微生物生长提供良好环境。水池在生态改造后，有助于水生植物的成长，丰富了水生生物种类，形成了完整的生物链，创建了良好的水生生态环境，同时对周边环境也具有局部降温、加湿作用。在创新思维实践中，学生不仅对生态改造提出自己的见解，针对居住区公园的其他功能也提出了很好的想法。针对水池目前的娱乐功能、亲水功能没有完全体现，方案改造提出，可以将水池的池壁逐步向外扩大，深度变小，直到边界区控制在 20cm，并将围栏取消，增加水池的亲水性；围绕水池建设廊道，使人们能够近距离接近水面，增加娱乐观赏性。目前的廊道孤立地存在于社区公园，如果和水池接近，两者相互呼应，不仅能够增添公园的景区趣味，也能为人们提供亲水娱乐的场所。

在调研与创新实践的过程中，课题组成员充分运用所学知识，各抒己见。课题组成员提出在居住区公园的生态改造中，不仅水池与排水沟需要改进，其他方面也有很多可以进行生态改造之处。例如，植物层次的搭配；从生态教育角度出发，健身设施创新设计、指示牌设计、展示空间设计，在局部区域设置高差，建造假山方案等。

环境设计专业一方面具有工科的严谨性，另一方面具备艺术创新性。创新实践对课题组成员的创新思维及创新能力的培养意义重大。如何开展创新教育、将实际课题或实际项目有效地融入到创新课题中，需要教师不断探索。通过该课题研究，作者发现学生在接触真实的地形，并展开实地调研考察之后，能够很快地找到当下环境存在的问题，有的放矢地搜集资料；课题组成员之间交流的内容更加具有针对性，思维开阔且活跃；虽然提出的解决方案有些比较理想化，但他们的思维更广、灵活度更高。教学中，相对于假想题目，实践课题让学生们有了更多直观的感受，获取了多方面的专业知识，从而学会积极地运用设计理论去解决问题。

　　创新设计不一定是一种发明或者一项科技，它注重培养设计者的好奇心和兴趣点，使其能够用质疑的眼光探索专业领域，吸收多种专业意见，进而通过自己的判断寻找解决方案，探索世界。创新设计研究涉及多个方面，结合申请课题开展调研探讨的教育方法，能够使课题组成员在搜集资料时更具针对性，开拓思维，全面提升创新能力。

第8章 居住区景观性健身设施 创新设计实践项目

8.1 仿生设计在健身器设计中的应用

仿生设计对丰富多样的自然生物的模拟与再创造提供可能，它带来了丰富多样的设计产品，使现代工业设计能够更好地满足市场和消费的个性化需求，为市场和消费提供更多的选择性。同时，仿生设计以它特有的设计方法与设计手法，探索人与自然的关系，寻求技术与自然、历史的和谐一致，这是工业设计发展的趋势和理想目标。仿生设计有利于突出产品的个性，尤其是当今的信息时代，人们对产品设计的要求和过去不同，既注意功能的优良特性，又追求形态的清新、淳朴，同时注重产品的返朴归真和个性。

目前市场上的健身器材形态单一、外观生冷，没有充分考虑人们的心理感受，且大部分健身器材非常机械化，也不适合年轻人及家庭共同使用。目前，健身设施已经慢慢走近了大众人群的生活，如何将其设计得更具有趣味性、艺术性，更加人性化，如何使其更加满足人们的需求，仿生设计是一个行之有效的方法。

8.1.1 仿生设计学概念

仿生设计学亦可称之为设计仿生学，它是在仿生学和设计学的基础上发展起来的一门新兴边缘学科。自然形态在产品设计中的应用，也就是仿生设计，它是仿生学在现代设计领域的具体运用。仿生设计学研究范围非常广泛，研究内容丰富多彩，特别是由于仿生学和设计学涉及自然科学和社会科学的多学科，因此也就很难对仿生设计学的研究内容进行划分。仿生设计在设计专业上的定义是：主要运用工业设计的艺术与科学相结合的思维与方法，从人性化的角度，不仅在物质上，更是在精神上追求传统与现代、自然与人类、艺术与技术、主观与客观、个体与大众等多元化的设计融合与创新，体现辩证、唯物的共生美学观。

8.1.2 仿生设计理念

仿生学是模仿生物的科学，确切地说，是研究生物系统的结构、特质、功能、能量转换、信息控制等各种优异的特征，并把它们应用到技术系统，改善已有的技术工程设备，并创造出新的工艺过程、建筑构型、自动化装置等技术系统的综合性科学。这种"师法自然"的设计观念自古有之，人类创造活动的第一步就是从模仿自然界的生物体开始的。大自然中，生物形态有一种与生俱来的圆润均匀，蕴含温和、亲切的本质特征，以丰富的情感、突出的个性取胜，生物形态的自然美感，更倾向于儒家的"天人合一"观点，强调人与天地自然的和谐统一，同时满足了人的审美情趣。仿生设计主要是学习用大自然的独到之处，来克服人与产品之间的疏远和抵触情绪，从而达到一种两者间的和谐与亲和；同时，仿生设计能够提升产品融入自然的可能性，增加产品与自然间的亲和力，体现出设计师对自然的尊重和理解，使产品达到人与物和谐共存的状态。

8.1.3　创意来源

本套设计造型如蜗牛等多种动物的外形特征，整个躯体包括眼、口、足、壳、触角等部分，颜色、大小不一，都有自己独特的特征，而且蜗牛的眼睛长在触角上，特点极其生动。正是动物们的这些新奇特性，萌生了设计组以它们为原型进行健身设施外形设计的念头。

8.1.4　造型分析

市面上销售的健身设施大多是单调的黑色，外观也往往大同小异。创新的外形与特殊的材料不仅改变健身设施的视觉效果，更能给健身者带来赏心悦目的体验。该健身设施是针对年轻人而设计的，包括学生、白领等从事脑力劳动而缺乏运动的人群，它适用于户外公共场所、室内的办公室和年轻人居住、生活、娱乐的场所。整体设计轻巧便携，人机系统协调、操作友好。

8.1.5　外观设计

外观的设计思路源于大自然中动物的造型。健身设施整体外观如图 8-1～图 8-6 所示，仿生设计的整体外形简洁大方，色彩搭配时尚素雅，符合健身者向往健康而有活力的审美观。通过仿生设计的造型物象，具有情趣性、有机性、亲和性等多种显著特征。

课题组的设计在冰冷的器材上融入科技的产物，让原有的器材变得有了活力。课题组在原有的基础上加入储蓄电力的装置，再加入太阳能板和比较廉价的动能装置，使动能转化为电能。人们在运动时，器械产生的光条，给周围人以光的美。该设计还可将白天运动的能量储蓄起来与太阳能产生的能量转化为电能用于晚上的照明。

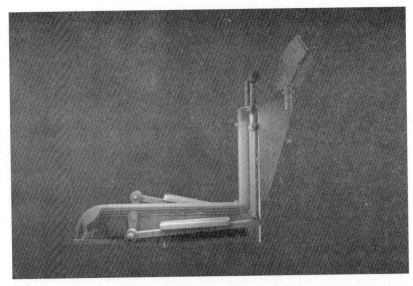

图 8-1　新能源健身设施设计效果图

图 8-2　新能源健身设施设计场景图

图 8-3　蜗牛健身设施设计场景图

图 8-4　自动遮阳挡雨健身椅设计效果图

图 8-5　自动遮阳挡雨健身椅设计场景图

图 8-6　健身设施设计场景图

作为最赋有活力的健身人群，不仅仅是健身设施的主体，更是健身设施产品能否存活、畅销的验证者。他们有活力、强调个性和情感的发泄，喜欢造型简洁、个性突出的设计。因此，本设计多采用直线、曲线自由配合的形式，变化多样。

8.1.6　配色方案

传统的健身设施主色调采用黑色，配色单调。此款健身器具有不同的配色方案，不同的色彩能对人产生不同的心理和生理作用，以及不同的心理感受效应。色彩通过感觉的冲击对心理产生作用，它在无意识中影响我们的情绪、性情和行为。互为补色的两个色相由于包含全部可见光谱，在心理上赋予了冷暖平衡。

颜色是表现思想的手段，在产品的色彩设计中必须使色彩与产品的功能、环境场所、使用对象等因素统一起来，给人统一、协调的感觉。确切地说，色彩不仅能表现产品的外观而且更能表现产品的精神。在整个居住区景观性健身设施探索与研究的课题中，课题组成员共同努力，最终呈现了十四套设施设计方案，其在不同设计方面均有创新。

8.1.7　材料选择

质地美不是取决于材质本身的高级和贵重，而在于恰如其分地运用材料，增加健身设施的外观艺术效果。健身设施各主要部件采用的材料如下：机身和立架采用普通碳钢管及钢板，主框架采用钢材，使整个结构展现出朴素、坚固的材质特性，使体验者有很强的安全感。电机盖和显示面板采用工程塑料，注塑技术使电机盖和显示面板的复杂造型得以实现，并表现出光滑、细腻的材质特性。扶手套采用发泡塑料，质感柔软、温暖，给使用者带来亲切感。构件材料采用工程塑料，质轻、比强度高，有很多种塑料的比强度超过钢材，具有不溶于水、耐化学腐蚀、耐酸、耐碱，不导电、不导热、隔声等特点。把手处采用橡胶，比较柔软，可防止打滑。主框架的钢材表面做烤漆工艺处理，使其表现肌理光滑而不明亮，给人高雅之感。

综上所述，此款健身设施通过运用仿生性思维进行设计，不仅创造出功能完备、结构精巧、用材合理、美妙绝伦的产品，而且赋予产品以生命的象征，让设计回归自然，增进人类与自然的统一。工业设计师要学会"师法自然"的仿生性设计思维，创造人、自然、机器和谐共生的对话平台。

8.2　自动遮阳挡雨健身椅设计

自动遮阳挡雨健身椅是健身设施行业中较为先进的一种健身设施类型。自动健身椅的问世，不仅可以让人们更加方便地运用健身椅在室外进行健身运动，而且由于健身椅不再日晒雨淋，延长了健身椅的使用寿命，深受人们的欢迎。健身椅的自动遮阳挡雨结构使用了传感器，因此，自动遮阳挡雨健身椅在健身器材行业中有着更为先进的理念和广泛的市场场景。

8.2.1　传动布局和系统控制的设计

本次设计需要进行动力的传动，通常带传动适用于中小功率的传动，目前 V 带传动应用最广泛，因此本设计中采用了普通 V 带。从图 8-4 中可以看出该传动机构的工作方式，电动机经过调速，由输出轴通过键槽等连接方式带动小带轮旋转，由于小带轮的旋转，使得 V 带带动大带轮旋转，大带轮通过键槽连接，带动轴旋转，滚轮又随着轴一起滚动，最后带动遮阳挡雨篷工作。结构简单、方便，可行性高。

8.2.2　自动遮阳挡雨健身椅的结构设计

本方案的健身椅设计主要部分有前脚、后脚、中间横梁、后脚横梁、座垫和靠垫、传动轴、滚轮、带轮、遮阳挡雨篷、支撑板、支撑钢管等。前脚、后脚、支撑杆、背垫钢架等用的是 50mm×50mm 的方形钢管，其他的部分是根据设计所需而选择材料，对于一些与人接触的部件，根据实际需要倒角和倒圆。部件与部件之间是通过焊接、螺栓等方式连接的。该健身椅的服务对象是人，为此设计中采用的钢材应有足够的刚度和硬度，以能够足够多地承受人体重量，还要注意部件的力学性能和材料的机械性能。对于支撑部分的材料，我们采用 20 号钢。众所周知，健身椅类产品对人体工程的要求程度是非常高的，必须充分考虑人体的各部分数据，为了保证所设计产品的准确性和实用性，根据人机工程学得出健身椅具体设计参数，设置的依据如下：

1. 椅子部分。健身椅的尺寸是根据人体尺寸来设计的，各个部分的参数参照人体的尺寸。例如，背尺寸远大于人上身长，一般是 450～550mm。人体的主要尺寸：国标给出了身高、体重、上臂长、前臂长、小腿长、大腿长共 6 项主要的尺寸数据。本次设计选择了 175mm 的成年男子的尺寸作为参考尺寸，再根据实际情况加以调整、修改，这样就保证了整体的要求。脚部支撑部分采用 50mm×50mm 的钢材，椅两侧用焊接钢管来固定，以免在使用过程中发生形变。椅子的座垫部分有防滑橡胶套，以免在使用过程中发生打滑。

2. 雨篷架。雨篷架内部是由方形钢管来支撑的，是通过焊接的方式固定在架子的底部。

在我国，绝大多数的健身设施都是在健身房使用的，而室外的只是单双杠等简单的健身器材，遇下雨天，则不能在外面进行健身运动。然而，在国外，自动遮阳挡雨的健身器材在室外基本上随处可见。本次设计的健身椅结构简单，便于加工制造，所需的精度不高，产品的加工也简单，产品的组装维护方便，由此大大降低了生产成本。

第9章　居住区景观性健身设施创意设计方案

9.1　第一套方案："仿生学"健身设施设计

设计理念："仿生学"设计是对丰富多样的自然生物的模拟与再创造，使现代设计能够更好地满足市场和使用人群的个性化需求，为健身人群提供了更多的选择性；不断地探索人与自然的关系，寻求技术与自然的和谐统一，既注重功能的优良特性，又追求形态的淳朴与自然，这是设计师对未来的探索。

图 9-1　"仿生学"腿部健身设施设计一

图 9-2　"仿生学"腿部健身设施设计二

图 9-3 "仿生学"腿部健身设施设计三

图 9-4 "仿生学"腰部健身设施设计

图 9-5 "仿生学"上肢健身设施设计（一）

图 9-6　"仿生学"上肢健身设施设计（二）

图 9-7　"仿生学"健身设施设计

图 9-8　"仿生学"健身设施设计组合场景

9.2　第二套方案："延展生命"健身设施设计

设计理念："延展生命"健身设施设计，以红色、蓝色、黑色为主体色调，红蓝围合的部分可以与路灯杆相结合，照明有利于夜间健身。本方案采用实地调研等方法对人们日常身体锻炼的开展和形式以及现有社区健身器材的现状进行探究。健身设施的设计要综合考虑健身方式、融入性、安全感、亲和度四个方面，提升器材设施的趣味性，让健身人群更多地参与健身活动，多角度、深层次体现人性化关怀。

图 9-9　"延展生命"健身设施设计一

图 9-10　"延展生命"健身设施设计二

图 9-11　"延展生命"健身设施设计三

图 9-12　"延展生命"健身设施设计四

图 9-13　"延展生命"健身设施设计五

图 9-14　"延展生命"健身设施设计六

图 9-15　"延展生命"健身设施设计七

图 9-16　"延展生命"健身设施设计八

图 9-17　"延展生命"健身设施设计九

9.3　第三套方案："传统文化元素"健身设施设计

设计理念：中国上下五千年的悠久历史，积淀下了博大精深的传统文化。而中国传统文化的基本精神有其自身的思想基础。传统文化元素包罗广泛，比如我们认识的京剧，比如各种颁奖典礼上的旗袍，比如吴冠中笔下的水墨意境，再比如苏州园林里的飞檐翘壁等。每一个元素都有传递信息的作用，并且能加强传递信息的效果。从这些中国元素中，我们能感知到中华民族的精神和力量，并产生归属感。传统文化元素是中国人文思想的载体，是中国文化的精髓，并渗透到我们的生活中来，起着传承民族文化的作用。中国文化所追求的"含蓄、内敛、不露锋芒"与中国传统的人文、自然、价值观一脉相承，既有形而下的具体物质，也有形而上的意识形态。印证着中华民族内在的修养、品行和操守。

图 9-18　"传统文化元素"健身设施设计一

图 9-19　"传统文化元素"健身设施设计二

图 9-20   "传统文化元素"健身设施设计三

图 9-22   "传统文化元素"健身设施设计四

图 9-23   "传统文化元素"健身设施设计五

图 9-24　"传统文化元素"健身设施设计六

　　中国传统文化元素在居住区景观中的运用具有重要的意义。在国人对本土文化感到缺失和迷茫的今天，中国传统文化元素的意义就显得尤其重要。它不仅能够让居者找到生活的归属感，还能陶冶情操，达到精神层面的升华，同时对传统文化的发展也具有推动作用，使传统文化在实际运用中日新月异，发扬光大。

　　在当今文化互动融合的时代，将中国传统文化元素和居住区景观设计结合起来，通过对传统文化元素的"再造"，创造出富有中国文化意蕴的生活环境，尊重文化差异和传统，合理地利用好中国传统文化元素为景观设计服务，更好地挖掘本民族的文化财富和艺术瑰宝。

参考文献

[1] 于英丽，郭春龙．提升唐山城市社区户外健身空间规划质量的建议［J］．价值空间，2012（13）：243-244.

[2] 西蒙兹．景观设计学［M］．北京：中国建筑工业出版社，2000.

[3] 朱宏．基于低碳出行理念的城市社区公共体育设施规划研究［J］．成都体育学院学报，2013，24（56）：657-658.

[4] 孙义方，李向东，孙媛．中外全民健身活动中心体系发展的比较研究［J］．山东体育科技，2010，24（34）：346-347.

[5] 李艾芳，李海娜，王冰冰．居住社区体育设施规划设计的策略研究［J］．北京工业大学学报，2007，34（14）：123-124.

[6] 李磊，任远．国内外城市社区健身设施空间布局的比较研究［J］．当代体育科技，2015，5（03）．

[7] 罗旭，苗向军，邢文华．全民健身体育公共服务运行机制的理论分析［J］．沈阳体育学院学报，2009，28（06）：11-14.

[8] 郭惠平．我国"全面小康"时期全民健身体育达成目标的约束条件分析［J］．武汉体育学院学报，2009，43（09）：5-11＋21.

[9] 郭恩章．城市设计知与行［M］．北京：中国建筑工业出版社，2014，256-264.

[10] ［美］约翰·西蒙兹，巴里·W·斯塔克．景观设计学——场地规划与设计手册［M］．俞孔坚，译．3版．北京：中国建筑工业出版社，2000.

[11] ［美］简·雅各布斯，美国大城市的死与生［J］．金衡山，译．安家，2012（06）：205.

[12] ［丹麦］扬·盖尔．交往与空间［M］．何人可，译．北京：中国建筑工业出版社，2002.

[13] ［美］亚布拉罕·马斯洛．需要层次论［M］．许全声，译．北京：人民教育出版社，1997.

[14] ［美］克莱尔·库珀·马库斯，卡罗琳·弗朗西斯，人性场所——城市开放空间设计导则［M］．俞孔坚，孙鹏，王志芳，译．北京：中国建筑工业出版社，2001.

[15] 徐文辉，韩龙．居住区交往空间设计方法［J］．中国城市林业，2012，10（01）：27-29.

[16] 刘佳．现代居住区设计中促进交往的景观空间营造探讨"［D］．四川农业大学，2015.

[17] 王薇薇．居住区交往空间环境设计初探［J］．江苏建筑，2007，6（1）：17-18.

[18] 负禄，杜小娟．居住区室外活动场地设计［J］．中国城市林业，2008，6，（2）：53-55.

[19] 朱惜晨，何小弟，余丽琴．居住区公共空间的人性化环境营造［J］．中国城市林业，2008，6，（3）：37-39.

[20] 国家体育总局．2014年6至69岁人群体育健身活动和体质状况抽测调查结果［R］．

[21] 陈书谦. 基于网络分析法的公园绿地可达性研究 [D]. 哈尔滨：哈尔滨工业大学，2013：14-23.

[22] 王元水. 国外大众健身理念的特点以及给我们的启示 [J]. 体育与科学，2005，26（2）：42-47.

[23] 李平华，陆玉麒. 可达性研究的回顾与展望 [J]. 地理科学进展，2005，03：69-78.

[24] 陈一菱. 哈尔滨市动力区公园绿地布局研究 [D]. 哈尔滨：东北林业大学，2004：12-15.

[25] 崔诚慧. 哈尔滨城市开放空间场所性研究 [D]. 哈尔滨：哈尔滨工业大学，2007：12-20.

[26] 张佳佳. 哈尔滨市城区绿地系统格局动态研究 [D]. 哈尔滨：东北林业大学，2013：20-38.

[27] 张炯. 迈向全民健身时代论体育馆的未来发展模式 [J]. 华中建筑，1998，04：106-107.

[28] 田海鸥，肖俊杰，张健. 北京户外全民健身场所空间特点研究——以马甸公园健身场所为例 [J]. 建筑与文化，2005，08.

[29] 胡红. 沈阳市大众体育设施发展规划研究 [D]. 上海：同济大学，2007：15-40.

[30] 姚亚雄. 我国全民健身运动设施的发展与展望 [J]. 城市建筑，2011，11：26-27.

[31] 高骆秋. 基于空间可达性的山地城市公园绿地布局探讨 [D]. 重庆：西南大学，2010：15-21.

[32] 周廷刚，郭达志. 基于 GIS 的城市绿地景观空间结构研究——以宁波市为例 [J]. 生态学报，2003，23（5）：901-907.

[33] 胡志斌，何兴元，陆庆轩，等. 基于 GIS 的绿地景观可达性研究——以沈阳市为例 [J]. 沈阳建筑大学学报（自然科学版），2005（6）：671-675.

[34] 王兰. 山地城市公园可达性研究——以重庆市主城区山地城市公园为例 [D]. 重庆：西南大学，2008：17-19.

[35] 郭恩章. 再议城市公共健身空间 [J]. 北京规划建设，2010，03：52-54.

[36] 于超. 哈尔滨市群力新区公园绿地布局研究 [D]. 哈尔滨：东北林业大学，2012：13-39.

[37] 孟琪. 地下商业街的声景研究与预测 [D]. 哈尔滨：哈尔滨工业大学：2010：22-25.

[38] 哈尔滨市城乡规划局. 哈尔滨市生态园林城市绿地系统规划 [R].

[39] 侯建斌. 我国体育产业发展的方向与路径探析 [J]. 体育研究与教育，2014，06：16-18.

[40] 中华人民共和国住房和城乡建设部. 城市道路工程设计规范：CJJ 37—2012 [S]. 北京：中国建筑工业出版社.

[41] 中华人民共和国行业标准. 城市道路设计规范：CJJ 37—90 [S]，北京：中国建筑工业出版社. 1991 年

[42] 中华人民共和国住房和城乡建设部. 城市居住区，规划设计规范：GB 50180—93（2002 年版）[S]. 中国建筑工业出版社.

[43] 中华人民共和国建设部. 公园设计规范：CJJ 48—92 [S]. 北京：中国建筑工业出版社. 1992 年